C语言编程快速入门

黎 明 编著

清華大學出版社
北 京

内 容 简 介

我们所处的时代是“信息爆炸”的时代，科技生活日新月异，C 语言历经近半个世纪，作为最优秀的计算机编程语言之一，今天依然排在流行的编程语言的榜首。本书是一本为学生和对计算机编程感兴趣的初学者而编写的C 语言入门教程。

本书分为 13 章，前两章介绍 C 语言的背景、计算机研发历史、如何下载和安装 C 语言的开发工具。接下来的章节一步一步带领读者入门 C 语言，内容包括基础语法、条件判断、循环语句、数据类型、指针等，最后一章作为实战章节，为读者以后的编程方向提供思路。

本书内容详尽、示例丰富，可作为广大C 语言入门读者和大中专院校师生的学习参考书，也可作为高等院校及计算机专业师生的教材。如果你很喜欢编程，并且对C 语言情有独钟，那么本书是你的不二之选。

图书在版编目（CIP）数据

C 语言编程快速入门/黎明编著. —北京：清华大学出版社，2021.1
ISBN 978-7-302-56718-9

Ⅰ. ①C… Ⅱ. ①黎… Ⅲ. ①C 语言—程序设计 Ⅳ. ①TP312.8

中国版本图书馆 CIP 数据核字（2020）第 210724 号

责任编辑：夏毓彦
封面设计：王　翔
责任校对：闫秀华
责任印制：丛怀宇

出版发行：清华大学出版社
网　　址：http://www.tup.com.cn，http://www.wqbook.com
地　　址：北京清华大学学研大厦 A 座　　**邮　　编：**100084
社 总 机：010-62770175　　**邮　　购：**010-62786544
投稿与读者服务：010-62776969，c-service@tup.tsinghua.edu.cn
质量反馈：010-62772015，zhiliang@tup.tsinghua.edu.cn
印 装 者：北京鑫海金澳胶印有限公司
经　　销：全国新华书店
开　　本：190mm×260mm　　**印　　张：**13.5　　**字　　数：**346 千字
版　　次：2021 年 1 月第 1 版　　**印　　次：**2021 年 1 月第 1 次印刷
定　　价：59.00 元

产品编号：082161-01

前　言

你还在为 C 语言二级考试而担忧吗

C 语言二级考试是很多在校大学生参加计算机等级考试时必考的科目之一，获得这本证书足以说明通过者已经对计算机编程具有一定的水平。本书在每个章节都给读者准备了二级 C 语言真题，读者可以一边学一边练，这样学习效果才有可能最大化。读者学完本书后，结合日常的实践，那么二级 C 语言考试将不再是问题。

你还在迷茫学完 C 语言后该干什么吗

这是很多学习完 C 语言的学生或者计算机爱好者普遍存在的一个疑问，包括笔者在内，笔者当时也不知道该干什么，只是盲目地学习，这门语言学一些，那门语言学一些，最终导致每门语言都不是很精通，走了不少弯路。

本书最后一章，笔者根据自己的经验给读者做了未来方向的“启蒙”，因为计算机编程语言为数众多，各有不同的侧重点，所以笔者分享一些个人心得，希望可以帮助到读者。

本书真的适合你吗

无论你是计算机方面的菜鸟还是计算机爱好者，甚至是没有一点编程基础的“路人甲”，本书都适合你学习，本书从基础的 C 语言语法讲起，难度从小到大递增，同时本书的语言简洁有趣，尽量将深奥的知识点用通俗易懂的“白话”讲解，最后结合大量的实际案例进行分析和练习。

读者不要害怕“代码”，不要觉得这有多难，这是一门语言，也仅仅是一门语言，读者掌握了其基础语法后，就可以靠着自己的想象力创造任何东西。就和英语的学习一样，掌握基础语法和单词，就可以用英语进行简单的交流，只不过 C 语言比英语简单得多。

本书涉及的示例和案例

- 简单的告白小程序
- 选择器的开发
- 打飞机小游戏的开发
- 单位换算器的开发
- 用指针崩溃一个小程序
- 俄罗斯方块游戏的开发
- 超级马里奥游戏的开发
- 将打飞机小游戏封装起来
- 贪吃蛇小游戏的开发
- 用 EasyX 函数库开发扫雷游戏
- 用 EasyX 函数库美化打飞机小游戏

本书的特点

（1）本书不论是理论知识的介绍还是实例的开发，都是从实际应用角度出发，精心选择开发中的典型例子，讲解细致，分析透彻。同时，为了使读者在学习中不会感到乏味，大多数章节都提供了相应的实战案例，以供读者练习。

（2）本书深入浅出，轻松易学，以实例为主线，激发读者的阅读兴趣，让读者能够轻松入门C 语言，并且爱上计算机学科。

（3）技术新颖，与时俱进，结合时下热门的技术，比如任天堂的头牌明星“马里奥”，本书用 C 语言开发了超级马里奥游戏，同时分析了当下各个计算机语言的火热程度以及发展趋势。

（4）贴近读者，贴近实际，本书采用通俗易懂的“白话”进行教学，使原本晦涩难懂的知识变得通俗易懂，且不缺失准确性。

（5）引用了适量的二级 C 语言考试真题，让读者一边学习，一边备考，通过知识点和实际真题的结合加强和巩固读者的理解。

源代码下载

本书配套的源代码请扫描右侧的二维码下载。

如果阅读过程中发现任何问题，请联系 booksaga@163.com，邮件主题为“C 语言编程快速入门”。

本书读者

- 没有一点编程基础的学生或者计算机爱好者
- 备战二级 C 语言考试的学生
- 喜欢 C 语言开发的大中专院校的学生
- 喜欢用 C 语言来开发游戏的爱好者
- 对 EasyX 函数库有强烈兴趣的学生

编　者

2020 年 8 月

目　　录

第 1 章

C语言简介

作为程序员，有很多种编程语言可以选择。如果是速成班，要求学完语言可以立刻应用到项目中，很多人首选 Java 语言；如果是软件学院的学生，一般会稳扎稳打，从计算机基础开始学习。这就说明了 C 语言的基础性。现代社会所使用的计算机、手机、平板电脑等，无论使用的是什么系统，它们的系统内核基本都是 C 语言开发的。所以，C 语言的重要性不言而喻。

本章主要内容：

- C 语言的历史
- C 语言的标准：C11 和 C99
- 为什么学习 C 语言

1.1 C 语言的由来

笔者刚开始接触 C 语言的时候，一直认为 C 语言是 Computer Language 的简称，后来有师兄提醒 C 语言是 Basic Combined Programming Language 的简称。难道 C 语言不是 C 开头的一堆英文单词的缩写吗？必须查个明白。

这得从亚历山大·格拉汉姆·贝尔说起，对，就是发明电话的那位贝尔（见图 1.1）。他是美籍加拿大著名的发明家和企业家，获得了世界上第一台可用电话机的专利权，被称为“电话之父”。贝尔以电话专利权起家，创建了贝尔电话公司，该公司和之后的大量衍生公司最终被称为贝尔系统。此外，他还发明了载人巨型风筝、水翼船，改良了留声机等。

图 1.1　电话之父亚历山大·格拉汉姆·贝尔

那贝尔和 C 语言有什么关系吗？不急，通过贝尔的发家史就不难明白……

贝尔发家史：

1877 年，贝尔成立了一家叫作美国贝尔电话公司的公司。

1895 年，贝尔成立了一个公司来负责其正在开发的美国全国范围的长途业务，这就是美国电报电话公司——AT&T（见图 1.2）。注意：公司徽标中用的是小写字母 at&t，而作为公司名时习惯用大写字母 AT&T。

1899 年，AT&T 整合了贝尔电话公司的业务，成为贝尔系统（贝尔的一系列公司）的母公司。

1984 年，美国司法部根据《反托拉斯法》拆分了 AT&T，将其分为 8 个公司，1 个公司继承了母公司的名字 AT&T（专营长途话务），另外 7 个为本地电话公司（贝尔七兄弟）。

1995 年，AT&T 再次被分离为 3 个公司，除了 1 个 AT&T 外，还分出了两个从事设备开发制造的公司：朗讯科技和 NCR。至此，AT&T 只保留了通信服务业务。

2005 年，原贝尔七兄弟之一的西南贝尔以 160 亿收购了 AT&T，合并后的企业保留了 AT&T 名字。

题外话：今天美国 NBA 中马刺队（San Antonio Spurs）的主场就叫 AT&T Center。

关键来了，AT&T 中有一个很了不起的部门——Bell Labs（贝尔实验室，见图 1.3）。它主要研究通信领域，但在软件领域也非常厉害。

图 1.2　AT&T 公司的徽标

Lucent Technologies
Bell Labs Innovations

图 1.3　贝尔实验室

20 世纪 60 年代，贝尔实验室的研究员 Ken Thompson（肯·汤普森）发明了 B 语言，并使用 B 语言编写了一个游戏——Space Travel，他想玩这个游戏，所以背着老板找了一台空闲的机器——PDP-7，但是这台机器没有操作系统（Operating System，OS），于是 Thompson 着手为 PDP-7 开发操作系统，后来这个操作系统被命名为 UNIX（见图 1.4）。

图 1.4　UNIX

历史的车轮滚滚向前，终于轮到 C 语言出场。1971 年，Ken Thompson 的同事 D.M.Ritchie（D.M.里奇）也很想玩 Space Travel，所以开始与 Ken Thompson 合作开发 UNIX，他的主要工作是改进 Thompson 的 B 语言。

最终，在 1972 年，这个新语言被称为 C，取 BCPL 的第 2 个字母，也是 B 的下一个字母。由此，C 语言诞生了，又有谁能够想到：C 语言刚开始是用来打游戏的。

1.2 C 语言的应用范围

学技术讲究学以致用，那么 C 语言用在哪里呢？

C 语言可以开发上层应用，也可以开发底层应用。上层开发就是应用程序和用户（UI）界面，但这不是一个明智的选择，比如画一个 Windows 窗口和写一个消息处理函数都很麻烦。

如果读者要学习上层开发，编写一些 App，那么笔者给出以下推荐：

- Windows 系统：C++、MFC/QT。
- Android 系统：Java。
- iOS 系统：Objective-C、Swift。

C 语言的强项还是底层开发，例如系统软件、编译器、JVM、驱动、操作系统内核，还有各种嵌入式软件、固件等。

1.3 为什么要学习 C 语言

为什么要学 C 语言？C 语言可以带给我们什么？

C 语言作为一门高级语言，比一般高级语言难学，却比一般低级语言好学。越是低级的语言越难学，因为低级语言面向的对象是硬件，可以说接触硬件的语言是最难学的。但是，有弊必有利，相较于其他高级语言（比如 Java 语言、C++语言），C 语言可以让我们更充分地了解计算机。

其次，C 语言的门槛不高，掌握其基本语法很容易，但是难点在于精通，因此 C 语言对于新手来说是非常友好的。

另外，C 语言的精髓——指针是一个很了不起的技术，就是指针让 C 语言强大起来的，而其他高级语言一般没有指针，准确来说，是跳过了指针。

还有，因为 C 语言诞生很多年了，已经非常完善，有大量的代码和有趣的函数库可以套用，这使得我们的开发时间大大减少，对快速编程有很大帮助。

最后，其实很多高级语言都是在 C 语言的基础上发展起来的，所以只要掌握了 C 语言，往后任何高级语言的学习都会变得很轻松。

我们的生活离不开电，离不开电子系统，小到汽车的自动刹车系统，大到计算机的操作系统，都是由 C 语言编写的。也就是说，学会 C 语言，我们可以开发自己的单片机，拥有自己的系统。

所以，让我们保持微笑，开始学习 C 语言编程吧！

1.4 什么是 C11

中国古语有云，没有规矩不成方圆，这个道理也适用于 C 语言，一门语言总有其规定的语法，C11 就是其“法规”。

C11 标准是 ISO/IEC 9899:2011 - Information technology -- Programming languages -- C 的简称，曾用名为 C1X。

C11 标准是 C 语言标准的第 3 版，前一个标准是 C99 标准。2011 年 12 月 8 日，国际标准化组织（ISO）和国际电工委员会（IEC）旗下的 C 语言标准委员会（ISO/IEC JTC1/SC22/WG14）正式发布了 C11 标准。C11 标准最终定稿的草案是免费开放的。

1.5 C11 和 C99 的区别

C99 是 C 语言标准的第 2 个版本，C11 是第 3 个版本。总体来说，C99 和 C11 中的 99% 都是相同的，不同之处主要在于高级语法部分，删除了 gets()等。由于本书针对的是入门级的读者，因此这里不过多阐述。有兴趣的读者可以在掌握一定基础知识后再深入了解。

第 2 章

运行第一个C程序

C 语言是一门实践性很强的语言，需要做大量的练习才能正确掌握。本章将接触第一个 C 语言程序，并且在计算机上正确运行它，同时会下载 C 语言的第一个“集成开发环境”，也就是 Visual Studio 2010（简称 VS 2010）。万事开头难，本章就是 C 语言学习的起步阶段，虽然很简单，却是后期学习的基础，所以其重要性不言而喻。

本章主要内容：

- 了解什么是 IDE
- 掌握 Visual Studio 2010 的安装和基础操作
- 理解并掌握 Hello world 代码的结构和原理

2.1 什么是 IDE

玩一个游戏，不是打开计算机就可以玩，必须先去官网下载安装包，安装完成后才能愉快地玩耍。这个安装在计算机上的内容就是软件，就连目前兴起的微信小游戏也必须下载“微信”这款手机 App，手机上的 App 也是软件。

本节要介绍的 IDE（Integrated Development Environment，集成开发环境）。

集成开发环境是一种集成了代码编辑器、编译器、调试器等与开发有关的实用工具的软件。正是因为将大部分实用工具集合在一起，所以代码编写起来非常方便，几乎现在所有的程序员都是使用 IDE 来编写代码的。

对于新手来说，使用 IDE 有助于学习 C 语言。有了 IDE，我们编译和链接程序就可以直接在软件上进行，而不需要像学习汇编语言那样用 DOS 操作界面来编译和链接程序，输入一堆指令，还难以发现错误。

下一节将介绍适合新手的 IDE——Visual Studio 2010。

2.2 C11 适配的 IDE——Visual Studio 2010

在官网下载 Visual Studio 2010，如图 2.1 所示。虽然 Visual Studio 目前已经更新到 2019 版本，但是我们依然选择 2010 版本，原因有两个：

- 一是 Visual Studio 2010 相对较稳定、成熟，而且占用的空间比 Visual Studio 2019 小。也有人选择占用空间更小的 VC 6.0，但 Visual Studio 2010 的界面不仅比 VC 6.0 好看得多，而且有实时检测语法功能。Visual Studio 2010 在编写代码的同时就可以检测语法是否有错，不必等到后期编译的时候才提醒语法错误。这个功能对于初学者来说是很有帮助的，毕竟初学者很容易犯语法错误。
- 二是国家二级 C 语言考试采用的也是 Visual Studio 2010，所以开始就使用 Visual Studio 2010 来编写代码对于后面的二级计算机考试是很有帮助的，至少不必再去熟悉操作界面，同时也可以减轻考试压力。

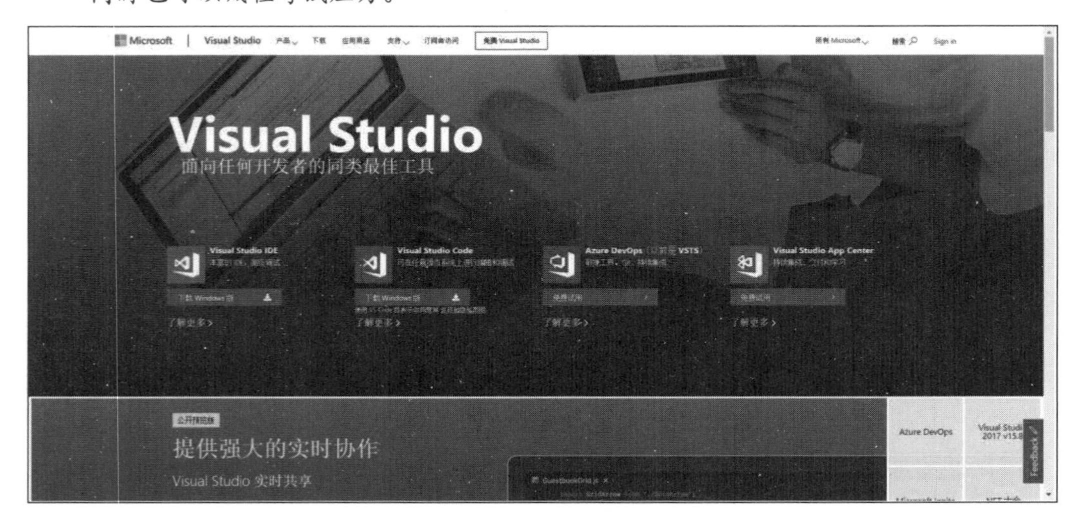

图 2.1　Visual Studio 2010 官网

综上所述，建议下载 Visual Studio 2010 来学习 C 语言，本书后面的示例都将采用 Visual Studio 2010 开发。如果读者对 Visual Studio 2010 感兴趣，可以去官网了解更多信息，这里就不过多描述了。下一节将编写第一个 C 语言代码。

2.3 程序员起步——Hello world

现在我们跨出编程的第一步，下载 Visual Studio 2010 的安装包后，双击安装程序，一键安装即可，如果读者对安装位置有自己的特殊要求，则可以选择自定义安装。

Visual Studio 2010 安装成功后，双击运行，可以看到如图 2.2 所示的界面。

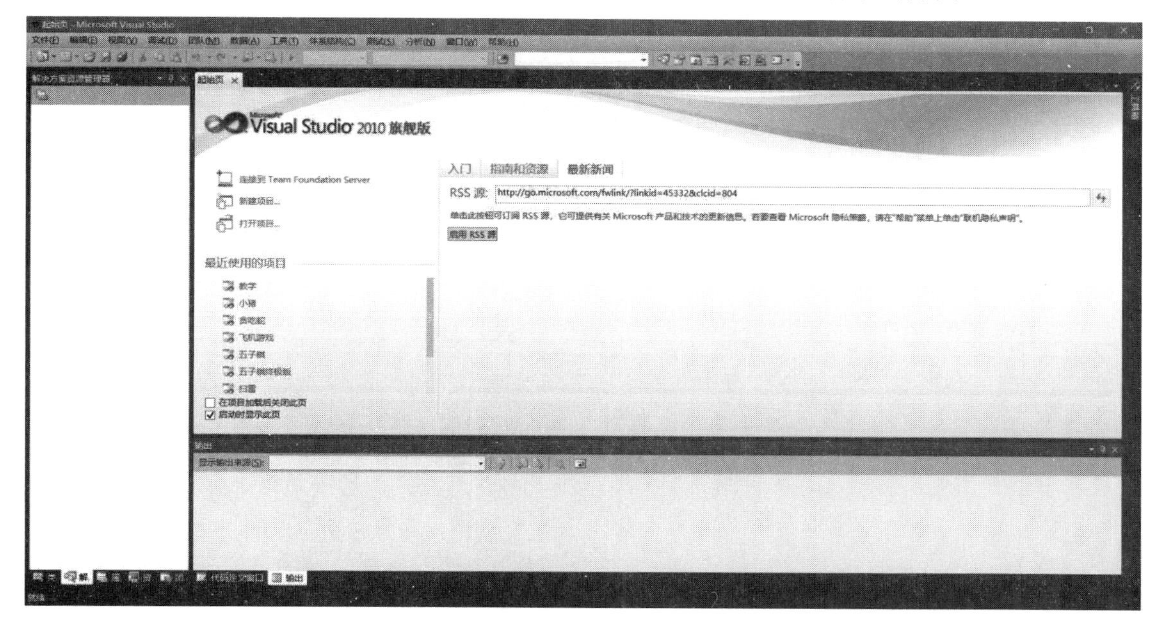

图 2.2　Visual Studio 2010 主界面

现在新建一个 C 语言的项目（也称为工程，本书一般使用“项目”一词），本书第一次新建项目的步骤比较详细，后面新建项目时不再赘述。

步骤 01　单击界面左上角的“文件”|“新建”|“项目”菜单，出现如图 2.3 所示的界面。

图 2.3　新建项目界面

步骤 02 在界面左侧的Visual C++列表下选择Win32 选项。接着选择中间区域的“Win32 控制台应用程序”，界面下方的名称和位置读者可以自行设置，单击“确定”按钮后，会弹出“Win32 应用程序向导”窗口，如图 2.4 所示。

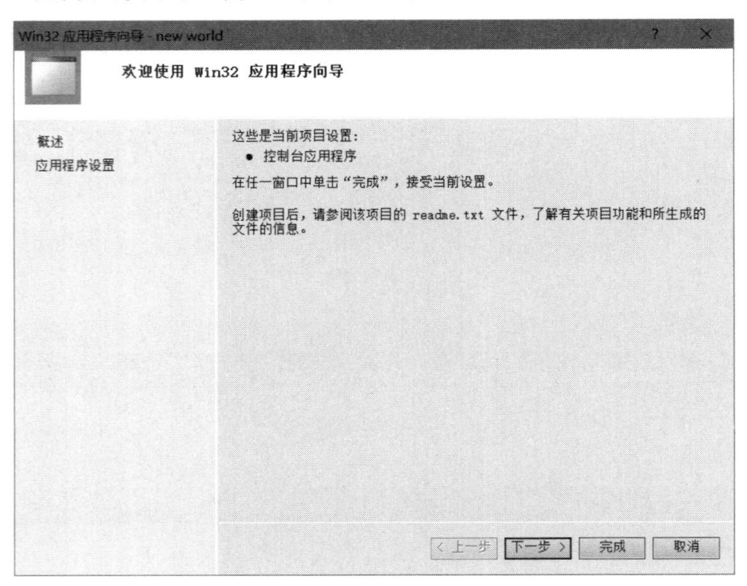

图 2.4　Win32 应用程序向导

步骤 03 单击“下一步”按钮，选中“应用程序类型”栏下的“控制台应用程序”单选按钮，同时勾选“附加选项”栏下的“空项目”复选框，如图 2.5 所示。

图 2.5　应用程序设置

步骤 04 单击“完成”按钮后，出现如图 2.6 所示的界面。此时还没有完成，中间的区域是不能编写代码的，还需要创建一个文档来编写C语言代码。

图 2.6　新建项目后的界面

步骤 05　选择界面左侧的“源文件”选项并右击，在弹出的快捷菜单中选择“添加”|“新建项”|“C++ 文件（.cpp）”，读者可以自行对文件命名，中英文都可以。本例命名为“hello world”，由于笔者的IDE是已经调试好的，因此用“.cpp”作为后缀名是可以编译的。以“.cpp”作为后缀名的文件其实是C++文件，读者最好将“.cpp”更改为“.c”，如图 2.7 所示。

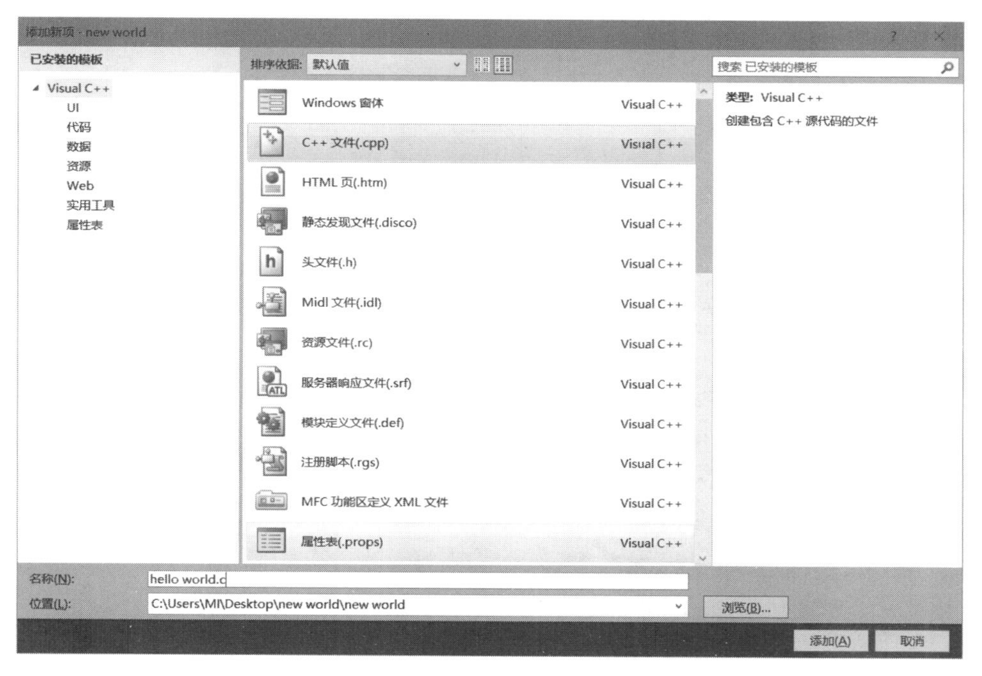

图 2.7　源文件的建立

步骤 06 单击“添加”按钮完成源文件的创建。现在正式进入代码编辑界面，如图 2.8 所示。

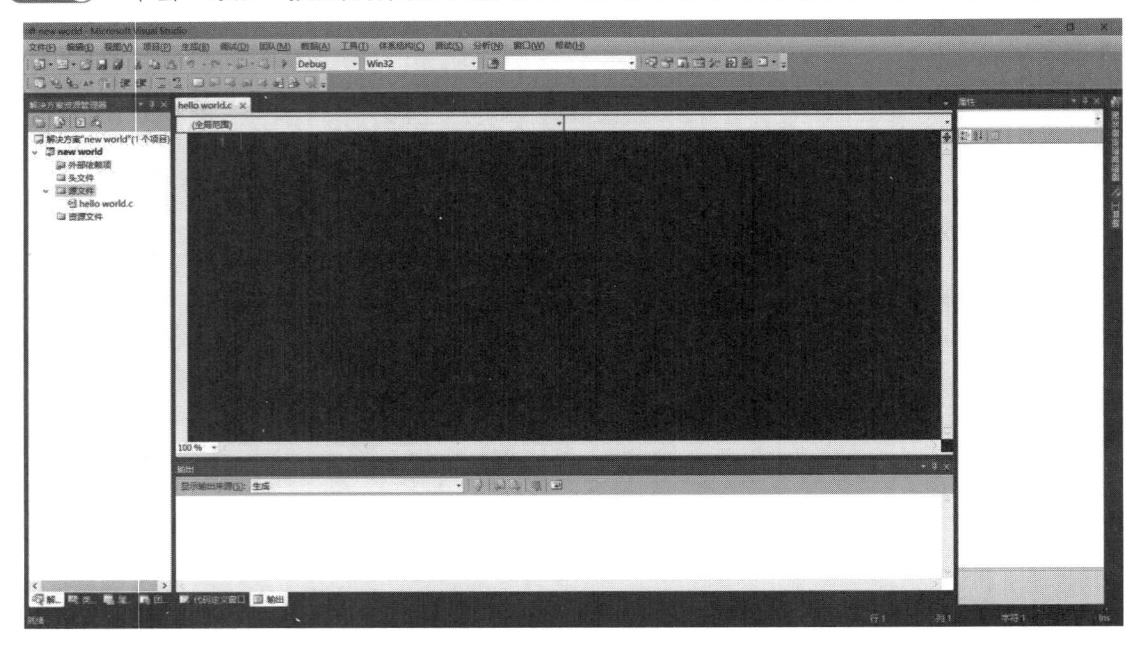

图 2.8 代码编辑界面

说 明

Visual Studio 2010 可以设置字体、字体颜色以及背景颜色等，不过读者现在不用着急更改界面风格，等学习到一定程度再去更改也不迟。

中间的窗口就是代码的编写区，现在我们开始编写第一段 C 语言代码：

【示例 2.1】

```
01  #include<stdio.h>
02  void main()
03  {
04      printf("Hello world");
05  }
```

现在看不懂这些代码很正常，后面会详细介绍。读者只需将这些代码原封不动地输入到 Visual Studio 2010 中即可，如图 2.9 所示。这段代码用来检测 Visual Studio 2010 环境配置是否有问题。

注 意

输入代码时一定要将输入法切换至英文。

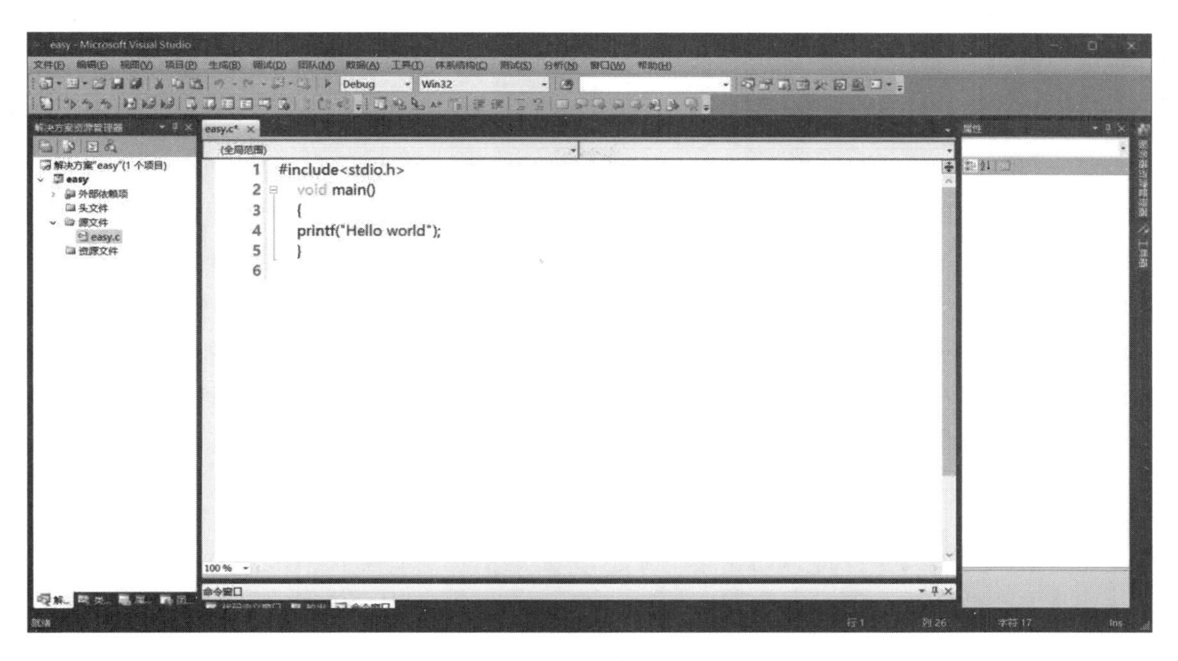

图 2.9　代码输入完成

说　　明

在 IDE 中，C 语言中的关键字是各种颜色的，读者可以根据自己的喜好设置相应的字体颜色，这里就不过多说明了。

此时，单击菜单栏中的“调试” | “启动调试”菜单选项，如果读者仔细看，会看到一个窗口一闪而过，不要惊慌，这是正常的。后面笔者会介绍如何避免发生这种情况。再依次单击“调试” | “开始执行（不调试）”菜单选项，然后就可以看到如图 2.10 所示的界面。

图 2.10　运行结果

窗口中打印出了一段英文字母“Hello world”，这表示计算机成功运行了上述代码。

如果成功运行了上述 C 程序，那么恭喜你，跨出了 C 语言学习路上的第一步。这段代码看似简单，却有一些易犯的错误，比如 IDE 操作不熟练，英文状态下的分号（;）输成中文状态下的分号（；），英文状态下的双引号（“”）输成中文状态下的双引号（“”）。

2.4 简析第一个 C 程序

现在来分析第一个 C 程序，首先是第 01 行代码：

```
#include<stdio.h>
```

这行代码是包含 stdio.h 头文件的意思。include 被称为文件包含命令，其意义是把尖括号（< >）或英文引号（" "）内指定的文件包含到程序中，成为程序的一部分。被包含的文件通常是由系统提供的，扩展名为.h。如果没有这行代码，编译就会出错。同时尖括号（< >）或（" "）中的内容有很多，stdio.h 只是 C 语言库中一个头文件而已。

后面会慢慢介绍很多 C 语言自带的函数库。同时 include 可以多写，但是不能少写，这是什么意思呢？就是如果我们写了一个包含函数库的头文件，但是在程序中没有引用这个函数，这是可行的。相反，如果我们引用了某个函数，但是没有在头文件中声明将相应的函数库包含进来，程序就是错误的。

再看第 02 行代码：

```
void main()
```

这行引用了 main()函数。第 7 章将详细介绍 C 语言中的函数，这里不再过多说明，目前读者只需记住任何 C 语言程序有且只有一个 main()函数即可。

把 main()函数说成是 C 语言的灵魂函数一点也不为过，毕竟任何 C 语言代码都必须包括一个 main()函数，程序也是从 main()函数开始执行的。如果没有它，程序就会报错。

再看第 04 行代码：

```
printf("Hello world");
```

有了这行代码，系统便会输出“Hello world”，读者应该猜到了这行代码的作用。printf()也是函数，它是 C 语言的“嘴巴”，也就是输出函数。有了 printf()，计算机就可以和人类“对话”。通过上述代码可以知道 printf()函数会将英文引号（" "）中的内容原封不动地输出，无论引号里面是英文还是中文内容，即使是特殊符号也都可以输出。

注　　意
千万不要忘记每行代码结尾的英文分号（;），C 语言中一行代码通常以英文分号（;）结束。

既然知道了 printf()函数的作用，那么里面是不是可以放一些“有趣”的东西呢？答案是肯定的。下一节将尝试做一个“告白”程序。

告白程序是笔者掌握 printf()函数特性后脑袋里面出现的第一个想法，毕竟程序员也可以很浪漫。把这个程序分享给自己喜欢的女生，当她在计算机上打开这个程序时，屏幕上会出现“*** I love you”。

2.5 实战：写一个简单的告白小程序

上一节学习了 printf()的输出功能，并且输出内容可以随便自定义，现在就写一个简单的告白小程序。

世界上有很多浪漫的告白词，但是无论是多么浪漫、多么感人的词，都敌不过发自肺腑的一句“我爱你”。这是世界上很简单粗暴的情话，现在就将这句情话以代码的形式表现给最爱的人看吧！

【示例 2.2】

```
01 #include<stdio.h>
02 void main()
03 {
04     printf("爸妈 我爱你！");
05 }
```

运行结果这里就不再展示了。关键是怎么让心爱的人看见呢？直接运行代码的话就需要后缀名为.exe 的程序，将这个程序发送给心爱的她/他即可。

下面介绍如何编译为后缀名.exe 的文件。

（1）打开项目保存的文件地址。
（2）选择 Debug 文件。
（3）选择一个后缀名为.exe 的文件。
（4）双击这个文件，读者就可以看见这个程序的运行结果。

此时运行程序，发现窗口一闪而过，其中的原因笔者会在后续的学习中为读者解释，目前的重点是怎么让心爱的人正确地运行这个程序。

怎么解决这个问题呢？我们知道单击 Visual Studio 2010 调试栏中的“开始执行（不调试）”按钮可以解决这个问题，或者按 Ctrl+F5 组合键也行。

但是，心爱的人的计算机会安装 Visual Studio 2010 吗？显然不太可能，要另想办法。其实也不难，只需要再加上两句代码即可。

【示例 2.3】

```
01 #include<stdio.h>
02 #include<stdlib.h>
03 void main()
04 {
05     printf("爸妈 我爱你！");
06     system("pause");
07 }
```

头文件添加了一行 stdlib.h，同时最后又添加了一行 system("pause")，这行代码是让计算机等待用户输入任何内容，然后返回并结束程序。

“运行+保存”代码，再次找到.exe 文件，这次就不会发生执行窗口一闪而过的问题了。

将这个程序发给心爱的人，让她/他双击运行这个程序即可。是不是很简单呢？不仅如此，后期我们学习了条件语句后，还可以让程序跟她/他互动，甚至可以输出更加复杂的图案，就不仅仅是这几个没有灵魂的文字了。

现在来总结一下本章涉及的知识点：

（1）了解代码需要在 IDE 里编写。

（2）学会如何调试运行 C 语言代码。

（3）知道 C 语言程序是从 main()函数开始执行的，同时知道头文件是什么。

（4）学习后缀名为.exe 的源程序，双击程序即可运行。

（5）解决窗口一闪而过的问题，要解决这个问题，在源代码的基础上加上 stdlib.h 和 system("pause")即可。

第 3 章

C11的基础语法

本章是 C 语言语法的基础，我们将会了解变量、常量、浮点运算以及运算的优先级等。这些都是 C 语言学习的重中之重，掌握了本章内容，才能更好地学习第 3 章内容。

本章主要内容：

- 掌握并熟练运用变量
- 了解常量的概念
- 掌握浮点数之间的运算
- 熟练运算之间的优先级

3.1 什么是变量

在第 2 章了解了基本的代码格式，甚至可以写一个小小的告白程序，但是程序太简单了，简单到机器只能重复我们预先写下的字符。一个复杂的程序是可以让机器和用户“沟通”的。那问题来了，怎么让机器明白用户的意思呢？这就得请出本章的主角“变量”，学会它就可以和计算机“交流”。

先看下面一段代码，如示例 3.1 所示。

【示例 3.1】

```
01  #include<stdio.h>
02  #include<stdlib.h>
03  void main()
04  {
05      printf("%d",100-50);
06      system("pause");
07  }
```

运行结果暂时不揭晓，我们一步一步分析这段代码。

printf()函数第 2 章讲过是输出函数，可以输出事先设置好的文字或者图形，但是这里多了一个%d，是什么呢？不要急，记住%d 是让 printf()函数在这个位置填一个数值，而不是让 printf()

输出%d 这个字符，但要填一个数字，该填哪个数字呢？答案其实是逗号后面的表达式的结果，100-50 的结果是多少，运行结果就是多少，如图 3.1 所示。

如果将 100 改为 150 呢？

```
printf("%d",150-50);
```

图 3.1　运行结果

答案显而易见，输出结果为 100。

这里掌握%d 的用法即可，明白%d 用来输出整型数据。

注　意
输出结果是整型数据而不是浮点型数据（小数形式）。

接下来就是重点了，要让机器读懂用户的意思，代码如示例 3.2 所示。

【示例 3.2】

```
01  #include<stdio.h>
02  int main()
03  {
04      int number;
05      printf("请输入一个数字：") ;
06      scanf("%d",&number);
07      printf ("%d",100-number);
08      return 0;
09  }
```

这段代码比较长，不仅有 printf()函数，还有一个 scanf()函数，现在一步一步分析这段代码。

代码第 04 行的 int number 中，int 用于声明整型数据，number 就是“变量”。前面讲过 printf()函数用于输出，有输出对应的肯定有输入，scanf()函数就用于输入，它同 printf()函数一样，“%d”表示要将一个数值存储在这里。也就是说，scanf()函数要获取一个由用户输入的值，而不是事前定义好的数据。

当用户输入数据给 scanf()函数后，这个数据放到哪去了呢？

答案就是第 06 行逗号后面的 number，不要忘记 number 前面的&符号。scanf()函数将用户输入的数据存储到 number 中。

由于 scanf()函数的存在，程序在运行时不会立刻结束，会一直等待用户输入一个数值，只有当我们在终端输入数值后，再按 Enter 键，程序才会读取输入的数据，进而继续运行。

讲到这，读者可能猜到运行结果是什么了，如果输入 20（见图 3.2），那么结果如图 3.3 所示。

运行结果显示 80。100 减去 20 正好等于 80，是不是感觉很神奇？计算机进行了相应的计算，输出了正确的答案，如果输入的是 10 呢？答案就是 90。

图 3.2　从键盘上输入 20

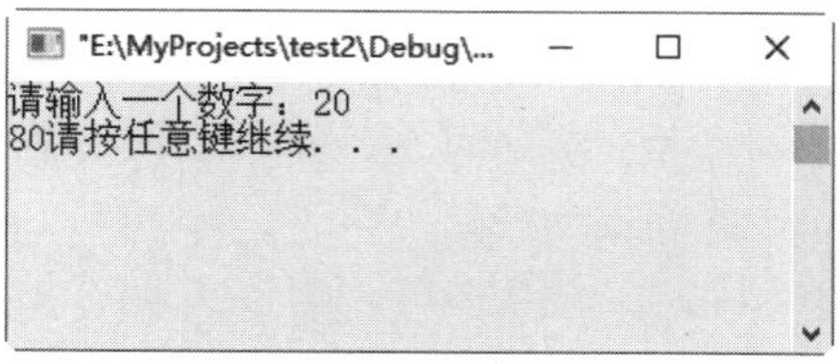

图 3.3　运行结果

现在回过头来看看这一行代码：

```
int number;
```

这一行代码声明了一个名为 number 的变量，类型为 int，从键盘上输入的数字被计算机存储在 number 里，这个 number 就是本章所讲的变量。所以，通俗地讲，变量就是一个可以存储数据的地方。

变量有很多使用规则，对于初学者来说，变量让人很头疼，稍有不慎就会落入无尽的 Debug 陷阱。初次学习变量时，程序编译总会出现各种错误，而且有些错误不是语法错误，而是逻辑错误。逻辑错误在语法上是可以编译通过的，但是在运行时就是无法得到自己想要的结果。这需要读者在这种无尽的错误循环中慢慢摸索，逐行检查代码，慢慢地培养出“语感”，也就有了一些经验。

现在来总结一下需要注意的地方。

（1）变量名可以自己命名，但 C11 对变量名的命名有以下要求：

声明变量的形式：<类型名称><变量名称>；（不要忘记结尾的分号）

例如：

- int i；int j；int number；
- int a, b；（表示声明了 int 类型的 a 和 b 变量，用“,”分隔，注意这里是英文的逗号）

（2）变量名只是一个标识符，用来识别不同的变量。

（3）标识符有其构造规则，基本原则如下：

- 标识符只能由字母、下画线和数字组成。
- 数字不可以出现在开头。
- C 语言的关键字不能用作标识符。

这里列出常见的 C 语言的关键字：auto、break、case、char、const、if、for、do、double、enum、long、sizeof、typedef、short、unsigned、void、while、inline、struct、else、continue、default 等，但是读者不用背，一是因为太多记不住，二是因为没有必要。当我们在 IDE 中输入自己声明的变量时，如果颜色变了，颜色同 int 关键词一样，就说明我们声明的变量名是关键词，不可用）。

（4）还有新手常犯的错误，没有区分字母大小写，C 语言是要严格区分字母大小写的，比如 Number 和 number 是两个不同的变量，不要看着相似就以为是同一个变量，有一个字母大小写不同就是不同的变量。因此，编程要讲究细节，稍有差错就会导致程序出错甚至崩溃。

接下来做一个练习，指出下列用户声明的变量名中哪些是合法的：

```
    int number   int a123   int number_123    int 123number   int number&123
    int number%123   int 9_number   int printf   int scand   int scanf   int
return
```

【答案】

合法的变量名有：

```
    int number   int a123   int number_123   int scand
```

3.2 什么是常量

既然有变量，那么肯定有常量，顾名思义就是不用改变的数据。本节就来介绍什么是常量。常量不是常数，这个读者要先理解。先来看示例 3.3 中的常数。

【示例 3.3】

```
01 #include<stdio.h>
02 int main()
03 {
04    int number;
05    printf("请输入一个数字：") ;
06    scanf("%d",&number);
07    printf ("%d",100-number);
08    return 0;
09 }
```

第 07 行代码中有一个数字 100，它不会随着程序的运行而改变大小。这是一个固定的数字，也就是说，无论在终端输入什么数字，运行结果都是 100 减去 number。

注　意

这不是常量，像这种直接写在程序里的常数不会随着程序运行而改变大小，我们称其为“直接量”（在汇编中又称为立即数）。

常量在 C 语言中有属于自己的声明或定义方法，代码如下：

```
const int number=0;
```

常量的声明规则和变量的定义规则其实没有太大的差别，同时标识符的定义和变量一样，只能由字母、数字或下画线组成。

我们只需要在变量声明的基础上加一个 const 关键字就可以将变量声明为常量。上述代码表示声明了一个类型为 int、名称为 number 的常量，并且赋予了初值 0。

常量的声明形式如下：

```
<const><类型名称><常量名称>
```

讲到这，插入介绍一下赋值运算。

如果读者仔细看的话，会发现赋予初值零的时候用的是等号（=），但是在平常生活中等号（=）有判断是否相等的意思，但是相同的字符在 C 语言中就不再是“等于”的意思了。

在 C 语言中，等号（=）的作用不是判断，而是“赋值”。下面是很简单的赋值语句：

```
01  int i;
02  i=100;
```

这段代码表示将 100 赋予变量 i，所以现在 i 的值为 100。

为了更加深入地理解这种写法，再举一个例子：

```
01  int i=100;
02  int j;
03  j=i;
```

这段代码表示将变量 i 的值赋给变量 j，而不是判断两个变量是否相等，所以现在 j 的值是 100。

如果想判断两个数据是否相等该怎么办呢？用“==”即可。这里不再过多描述，在第 4 章的条件语句中会用到。

3.3 浮点数的运算

前面示例的运算都是整型数据，但是在日常生活的计算中，小数也很常见，往往需要用小数去增加计算精度。比如在淘宝网买东西时，有时运气好会碰上打折促销，可以领很多优惠券，这样算下来可以省下一大笔钱。但是打折往往都不是以整数形式降价的，通常是 99.99 元或者 999.9 元等，总之一句话，会以小数形式出现。那么在 C 语言中该怎么计算呢？怎么写代码呢？

这就涉及小数（也就是浮点数）级别的运算，用整数肯定是不行的。本节就来学习浮点数的运算。

先看这行代码：

```
printf("%d",100/10);
```

代码中的“/”表示数学中的除号，100/10 的意思同 100 除以 10 一样，运行结果显而易见为 10。

如果将除数改为 3 呢？代码如下：

```
printf("%d",10/3);
```

在日常数学中，我们知道这是除不尽的算数式，答案往往采取约等于 3.33 的方式来处理。

在 C 语言中会出现和生活中一样的处理方式吗？可以大胆猜测一下答案是否为 3.3333……。因为除不尽，计算机的计算能力又强，肯定可以算到小数点后很多位吧？如果你是这样想的话，就得小心了，运行结果如图 3.4 所示。

答案居然是 3，没有出现 3.3333……的情况，计算机甚至连一个小数点都没有给，是不是有点不太合常理？

再看一行代码：

```
printf("%d",10/3*3);
```

这段代码的“*”表示数学中的乘法，这行代码的运行情况又是怎样的呢？10/9 同样除不尽，上面我们已经知道计算机很“抠门”，连一个小数点都不给，这段代码就有点考验了，当给出答案的时候，读者肯定是一脸惊讶。

答案如图 3.5 所示。

图 3.4　除不尽情况下的计算机计算结果 1

图 3.5　除不尽情况下的计算机计算结果 2

这次的答案是 9，读者有没有感到摸不着头脑？

在 C 语言中，计算机的运算符有优先级高低之分，若优先级相同，则遵循从左往右计算，在计算机眼里，10/ 3*3 是这样的：(10/3)*3。

那么现在问题来了，如果用户就是想要 3.3333……这个结果呢？用户不想让计算机偷懒，就是要让计算机去计算小数，方法也是有的，改写代码为：

```
printf("%f",10/3.0);
```

将源代码中的 3 改为 3.0，同时将%d 改为%f。这是简单且直接的改法，这样计算机就可以输出小数了。%f 是输出小数的意思，而%d 之前讲过，是输出整数。但是这样还不够完美，虽然这段代码已经可以让计算机计算小数了，但是对于程序员来说，后期的修改很麻烦，因为这里全是采用直接量，没有相应的变量，导致后期程序的维护会遇到很大的麻烦，所以在编写代码时尽量减少直接量，多采用变量的形式。

为了后期代码的维护，本例应该这样修改：

【示例 3.4】

```
01 #include<stdio.h>
02 int main()
03 {
04     double a=3;
05     printf("%f",10/a);
06     return 0;
07 }
```

这段代码声明了一个名为 a 的浮点数，类型为 double，同时输出 10/a，得到 3.333333 的输出结果。double 类型用来声明小数。在 C 语言中，我们将小数称为“浮点数”。现在总结一下上面出现的各种错误。

（1）根据计算机的规律，两个整数进行运算，答案也应该是整数，所以出现了 10/3*3 等于 9 这个结果。为了让计算机可以进行小数级别的运算，就要引入浮点数这个概念。

（2）3 和 3.0 在计算机看来是两个完全不同的数，一个是整数，另一个是浮点数，两个整数相除，如果除不尽，有小数，计算机就会自动丢弃小数部分，保留整数部分，所以才会出现如图 3.4 所示的运行结果。一旦引入了浮点数，计算机会自动将整数变化为浮点数进行运算，从而得到我们想要的结果。

int 是整数类型（简称整型），double 是浮点数类型（简称浮点型）。double 的意思是“双”，所以 double 类型准确来说是双精度浮点型，浮点型还有 float，表示单精度浮点型。这里简单给出两者的区别：

（1）单精度浮点型：float（输入：%f，输出：%f）。

（2）双精度浮点型：double（输入：%lf，输出：%f 或%lf）。

如果用户需要输入一个浮点数，根据 double 和 float 的区别，scanf()函数中就需要使用%lf 或%f。下面举一个例子。

【示例 3.5】

```
01  #include<stdio.h>
02  int main()
03  {
04      double a;
05      scanf("%lf",&a);
06      printf("%f",10/a);
07      return 0;
08  }
```

为了方便记忆，笔者整理了关于整型和浮点型的输入和输出相关的注意点。

整型：

- 声明：int。
- 输出：printf("%d",…)。
- 输入：scanf("%d",…)。

浮点型：

- 声明：double、float。
- 输出：printf("%f",…)。
- 输入：scanf("%lf",…)或 scanf("%f",…)。

当然，还要强调一下，学习计算机语言讲究熟能生巧，代码写多了，自然而然就会记住，切记不要死记硬背。

3.4 运算的优先级

从 3.3 节读者知道了计算机在进行计算的时候有运算优先级之分。假如现在需要设计一个程序，计算两个整数的平均数。

如果以现有的知识储备来设计这个程序，首先应该明白核心算法是什么，我们应该先声明两个变量来存储用户输入的数字，然后需要一个变量来存储平均值，最后输出这个平均值，就可以达到想要的结果。

平均值代码如示例 3.6 所示。

【示例 3.6】

```
01  #include<stdio.h>
02  int main()
03  {
04      int i,j;                        // 声明两个变量
05      double k;                       // 声明平均数的变量
06      scanf("%d %d",&i,&j);
07      k=(i+j)/2.0;                    // 运算平均数
08      printf("%d 和%d 的平均数是%f",i,j,k);
09      return 0;
10  }
```

首先声明了 i 和 j 两个变量来存储用户输入的值，因为要求是两个整型变量，所以用 int 来声明。

然后声明了一个 double 类型的变量来存储平均值，因为平均值不一定就是整数，如果两个整数之和不是 2 的倍数的话，平均值就应该是浮点数。

重点是核心运算的写法，示例 3.6 采用 k= (i+j) /2.0 的写法，为什么这里要使用括号呢？因为算数有优先级，如果不加括号，源代码就成了 i+j/2.0，计算机就会先算 j/2.0，从而导致计算出错。

C 语言运算符的优先级大部分和数学一致，但也有些许不同，例如前面提到过的等号(=)，等号（=）在 C 语言中是运算符，作用是赋值，还有一个比较特殊的是百分号（%），读者能猜到百分号（%）在 C 语言中的作用吗？

为了方便理解百分号（%）的作用，举个例子：

```
printf("%d",10%3);
```

运行结果是 1，10 除以 3 的结果是得 3 余 1，所以 C 语言中百分号（%）其实是取余运算符。

为了方便记忆，表 3.1 列出了 C 语言中常用运算符的优先级。

表 3.1　运算符的优先级

优 先 级	运 算 符	名　称	例　子
1	+	单目不变	A*+B
1	—	单目取负	A*-B
2	*	乘	A*B
2	/	除	A/B
2	%	取余	A%B
3	+	加	A+B
3	-	减	A-B
4	=	赋值	A=B

从表 3.1 可以看出，赋值运算符的优先级最低，同时可以看到优先级最高的两个运算符和加减运算符一样，它们是单目运算符。

举个例子，1+2=3，对于加法运算来说，数字 1 和数字 2 是加法的两个算子，所以加法是双目运算符。要想做这样一个运算，我们想乘一个负数，可惜这个数原本是正数，现在要取它的相反数来进行运算，该怎么办？

这时就要用单目运算符“-”，代码写成 a*-b，表示变量 a 乘以变量 b 的相反数。如果没有单目运算符，代码就会变得复杂起来，要得到负数，我们要先用 0 减去这个数据才能得到。

好了，运算符的优先级差不多介绍完毕。下面来看看这段代码，读者可以先运行看看结果。

【示例 3.7】

```
01  #include<stdio.h>
02  int main()
03  {
04      int a=10;
05      int b=5;
06      printf("%d",10-(b=a)*-b);
07      return 0;
08  }
```

先不要着急看结果，自己好好想想，运行结果如图 3.6 所示。

图 3.6　示例 3.7 运行结果

这样写代码虽然正确，但是时间一久自己都会忘记运算过程，不仅不利于代码的维护，也不利于后期的修改。因此，代码要写得一目了然，易于后期更改，不要过分追求复杂。

同时，现在就要养成给代码添加注释说明的习惯，养成这个习惯对以后的学习有很大好处。

3.5 二级 C 语言真题练习

（1）若 int i=3，则 printf(" %d " ,-i++)的结果与 i 的值为（A）。

A　-3,4　　B　-4,4　　C　-4,3　　D　-3,3

（2）若变量均已正确声明并赋值，则合法的 C 语言赋值语句是（A）。

A　x=y==5;　　B　x=n%2.5;　　C　x+n=i;　　D　x=5=4+1;

（3）已知在 ASCII 字符集中，字母 A 的序号为 65，下面程序的输出结果为（C）。

```
main()
{
    char c='A';
    int i=10;
    c=c+10;
    i=c%i;
    printf("%c,%d\n",c,i);
}
```

A　75,7　　B　75,5

C　K,5　　D　因为存在非图形字符，所以无法直接显示出来

（4）已知在 ASCII 字符集中，字母 A 的序号为 65，下面程序的输出结果为（B）。

```
main()
{
    char c1='B',c2='Y';
    printf("%d,%d\n",++c1,--c2);
}
```

A　输出格式不合法，输出错误信息　　B　67,88

C　66,89　　D　C,X

（5）C 语言中，运算对象必须是整型数的运算符是（A）。

A　%　　B　\　　C　% 和 \　　D　**

第 4 章

C11的条件判断

在各种C语言代码中，条件判断结构出现的频率非常高，无论C语言程序简单还是复杂，都会涉及判断语句。判断语句让计算机拥有逻辑判断功能，就好像赋予了计算机“脑袋”一样，只不过这个脑回路是程序员设计的。

本章主要内容：

- 了解什么是关系运算并掌握运算符
- 掌握if…else语句的使用方法
- 了解嵌套函数的结构和逻辑功能
- 了解switch…case语句的使用方法

4.1 关系运算

计算机不仅可以进行数值运算，还可以进行逻辑运算（也称为布尔运算），这意味着计算机可以“思考”。直白一点说，就是计算机可以进行“选择”，计算机竟然可以自己选择哪些代码来运行！准确来说，不是让计算机来选择，而是我们人为规定计算机在哪些条件下该做什么，若想让计算机有自己的思维方式，也就是可以独立思考，这超出了本书的技术范畴，甚至以当代的科技还不足以制造出完美AI，还不足以让计算机拥有像人类一样的独立思考能力。

就连很火的围棋机器人AlphaGo也不算是完美AI，但这是人类向完美AI迈出的一大步。AlphaGo拥有学习技能，是世界上第一个击败职业选手的机器人。如果读者对AI技术感兴趣，那么可以上网查找相关资料，这个技术壁垒特别高，相当于人为创造一个生命，一个没有躯壳只有思维的生命。这将是多么令人兴奋和可怕的事啊！

好了，关于AI的话题就讲到这。下面回到主题，怎么让计算机做出选择呢？

为了实现计算机的选择判断功能，首先得了解什么是“关系运算”。

所谓关系运算，就是“比较”运算，这和现实生活中的“比大小”差不多。要知道，计算机内部是用二进制来表达所有程序的，只有0和1这两个数。在C语言中，关系运算符和我们生活中常用的判断符号（例如大于“>”、小于“<”）差不多，举个例子：

```
a>b;
```

这行代码的意思读者大致可以猜到，就是 a 大于 b 的意思。同理，做个延伸，我们常说的大于等于可以用“>=”来表示。

表 4.1 列出了几个常用的关系运算符及其意义。

表 4.1　常用的关系运算符

关系运算符	意　义
<	小于
<=	小于等于
>	大于
>=	大于等于
= =	等于
! =	不等于

值得注意的是，上述 6 个关系运算符的优先级并非完全相同，笔者是按照从高到低来排列的。另外要注意“= =”和“！ =”的优先级相同，低于另外 4 个关系运算符，另外 4 个关系运算符的优先级是相同的，例如：

```
a= =b>c
```

计算机会先执行哪个运算呢？由于“= =”的优先级比“>”低，因此计算机会先判断大于（>），后判断等于（==），也就意味着 a= =b>c 等价于 a= =（b>c）。同时，C 语言还有一些方便的写法，不仅支持变量和常量的判断，还支持表达式的判断。

这就意味着：运算符两边不仅可以是变量和常量，还可以是表达式。

【示例 4.1】

```
01  #include<stdio.h>
02  #include<stdlib.h>
03  void main()
04  {
05      int a=1;
06      int b=1;
07      int c;
08      c=a+b>a-b;
09      printf("%d",c);
10      system("pause");
11  }
```

第 08 行代码中，运算符“>”两边不再是变量或常量，取而代之的是 a+b 和 a-b 这两个表达式，同时代码将运算结果赋值给了 c，再用 printf()函数输出 c 的值，读者可以想到 c 中存储的值是多少吗？

答案是 1。前面提到过计算机中只有二进制代码，计算机也只能看懂二进制代码，不同的二进制位数和排列方式构成了计算机语言，因此在计算机中只有 0 和 1 这两个数字。

我们知道 a+b 的值大于 a-b 的值，所以运算结果为“真”，同时，计算机用 1 来代表结果为真，用 0 来代表结果为“假”。所以终端窗口出现 1 这个结果就理所当然了，表示 a+b 大于 a-b 的意思。

如果将 08 行的“>”换成“<”结果还会是 1 吗？如果不是 1 那会是什么？读者可更改代码亲自测试。

本节讲解了什么是关系运算符，只有掌握关系运算符才能学好 C 语言的选择结构，等读者学完选择结构后，就能给计算机添加“选择”功能了。

4.2 if 语句

if 的中文意思是“如果”，人类知道 if 是什么意思很正常，但计算机居然也知道 if 的意思，未免就有点不可思议了吧？计算机不仅知道 if 的意思，而且执行起来的速度比人类更快！

为了方便理解 if 语句的用法，这里设计一个有意思的程序。

【示例 4.2】

```
01 #include<stdio.h>
02 #include<stdlib.h>
03 void main()
04 {
05     int a;
06     printf("请输入你的身高");
07     scanf("%d",&a);
08     if(a>=170)
09     {
10         printf("哇 你好高啊\n");
11     }
12     if(a<170)
13     {
14         printf("多吃一点 会长高的\n");
15     }
16     system("pause");
17 }
```

代码的意思是判断身高是大于等于 170 还是小于 170，从而输出相应的答复。通过代码可以了解有关 if 的语法知识。首先可以看到 if 后面的小括号“()”中有一个关系表达式，当表达式为真时，执行 if 后面大括号“{}”里的语句。所以当输入 180 时，运行结果会显示“哇 你好高啊”，如图 4.1 所示。

同理，当输入身高为 150 时，运行结果如图 4.2 所示。

为了运行结果美观好看，特意在第 10 行和第 14 行代码中加入了"\n"，这不是特殊字符，而是一个换行符。有了这个符号，计算机会在程序末尾自动换行，避免和末尾的提示语句连接在一起，增加可读性。

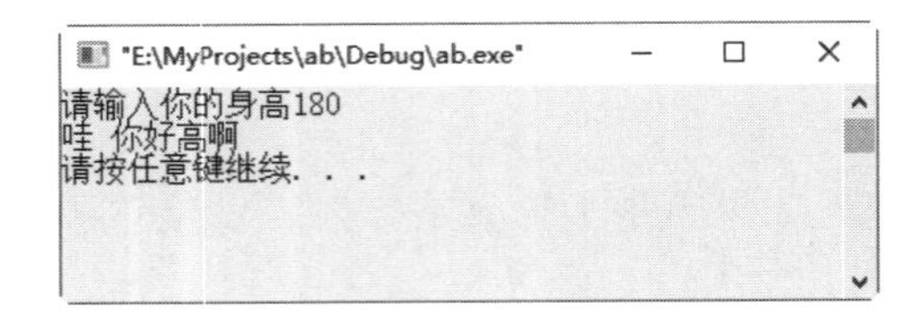

图 4.1　身高 180 的运行结果

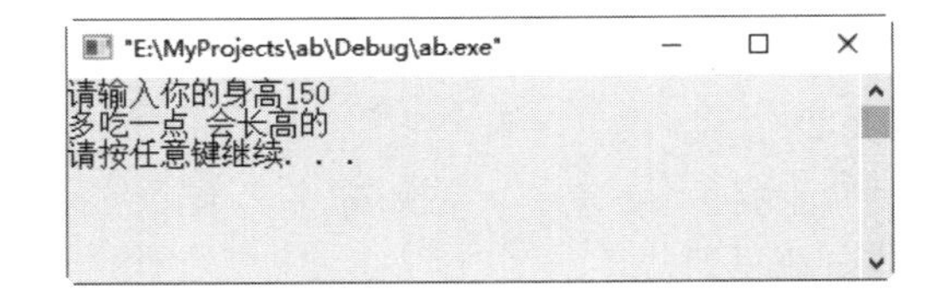

图 4.2　身高 150 的运行结果

所以，if 语句的语法结构如下：

```
if（表达式）
   语句
```

如果不加大括号（{}），if 结构的语句体有且只有 if()下面的第一行。建议读者加上大括号，一方面是方便代码的维护，另一方面是为了方便阅读。

如果不想加大括号，又该怎么写呢？其实也不难，参见示例 4.3。

【示例 4.3】

```
01  #include<stdio.h>
02  #include<stdlib.h>
03  void main()
04  {
05
06      int a;
07      printf("输入你的身高?");
08      scanf("%d",&a);
09      if(a>170)
10          printf("哇 你好高啊\n");
11      printf("男生身高还是要高点好\n");
12      system("pause");
13  }
```

程序最后的两个 printf()函数，笔者本来是想都在 a>170 成立的条件下才输出，但在 if 语句后面没有加上大括号把两个 printf()函数括起来，因此无论用户输入什么身高数值，运行结果都会显示“男生身高还是要高点好”。所以，无论代码有多少，if 语句后面都要加上大括号，以保证程序逻辑的正确性。并且学习到后期，代码越来越长，越来越复杂，往往 if 语句的语句体都有几十行，甚至成百上千行，这时候就必须加上大括号。

现在我们只会做单个判断，如果需要做连续判断，该怎么办呢？例如要实现数学中“且”的效果，也就是要同时满足多个条件，该怎么办呢？其实不难，举个例子来说明一下。

要知道，标准身高 170~175 是很受欢迎的身高，该怎么设计程序让其判断是一般身高还是标准身高呢？现在已经知道了 if 结构的用法，以我们现有的知识储备量实现这个功能其实也不难，无非就是多添加几个 if 语句进行多次判断。首先判断身高是否在 170 以上，然后在满足这个条件的基础上判断身高是否处于 175 以下即可，代码如下：

```
if(a>170)
{
```

```
    if(a<175)
    {
        printf("你的身高属于男神身高哟");
    }
}
```

这里使用了嵌套，将一个 if 语句放在另一个 if 语句的语句体内，用两个 if 语句就可以实现数学中“且”的功能。但是，如果用户希望保留判断 170 以下和 175 以上的功能，该怎么办呢？聪明的读者肯定会想到再多加几个 if 语句。虽然以这种方式编写程序语句，语法和逻辑是完全没有问题的，但是有没有想过代码会变得异常复杂？有很多 if 语句在中间穿插，如果没有很好的注释，那么时间一久可能连源码作者都不一定看得懂。所以，我们要寻找更加简洁方便的写法。

现在展示一种较为简便的写法。

【示例 4.4】

```
01 #include<stdio.h>
02 #include<stdlib.h>
03 void main()
04 {
05     int a,b;
06     printf("请输入你的身高?");
07     scanf("%d",&a);
08     if(a>170&&a<=175)
09     {
10         printf("哇 你是男神身高哎\n");
11     }
12     if(a>175)
13     {
14         printf("哇 你好高啊?");
15     }
16     if(a<170)
17     {
18         printf("多吃一点 会长高的");
19     }
20 
21     system("pause");
22 }
```

代码第 08 行引入了一个新符号“&&”，这个符号其实是“且”的功能（也就是逻辑“与”的功能，对应英文“and”）。也就是说，有了这个符号，一行 if 语句就可以实现数学中的“且”。它只有在两边的关系运算符都为真时，整个表达式才为真。这个“&&”为逻辑运算符，与之配对的还有“||”和“！”，其名称、作用和优先级见表 4.2。

表 4.2　逻辑运算符

逻辑运算符	名　　称	作　　用	优　先　级
!	非	真假颠倒，即取反操作	最高
&&	与	同时成立为真	高
||	或	一边成立为真	低

“!”是个单目运算符（例如 !(a>b)），而“||”和“&&”是双目运算符（例如 (a>10)||(a<20)）。所以，原本表达式是真，加上“!”后就变成了假；同理，原本表达式是假，加上“!”后就变成了真。“!”起到了颠倒真假的作用。

前面提到过“!=”这个符号，功能是不等于，现在明白“!”的功能后，再去理解“!=”符号就简单多了。

4.3 条件不成立，else 登场

4.2 节介绍 if 语句具有选择作用，当条件成立时，执行 if 语句的子语句。但是读者有没有想过，当条件不成立时该怎么办？按照之前的写法，当条件不成立时，可以再添加一个 if 语句，进行判断。但是这样编写的话，代码难免臃肿，整个代码全是 if 语句不利于阅读，也不好看。

为了解决条件不成立时的状况，C 语言准备了 else 语句，else 语句是和 if 语句配套使用的。还是使用 4.2 节的例子，更改一下代码，加入 else 语句，如示例 4.5 所示。

【示例 4.5】

```
01 #include<stdio.h>
02 #include<stdlib.h>
03 void main()
04 {
05     int a;
06     printf("请输入你的身高");
07     scanf("%d",&a);
08     if(a>=170)
09     {
10         printf("哇 你好高啊\n");
11     }
12     else
13     {
14         printf("多吃一点 会长高的\n");
15     }
16     system("pause");
17 }
```

可见，示例 4.5 只是将示例 4.2 中的第 12 行代码换成了 else，运行结果和示例 4.2 一样。一个简单的 else 就取代了一行 if 判断语句。

else 的中文意思是“另外，其他”，当与其配对的 if 语句不成立时，程序将自动运行 else 语句下的子语句。

注　意
else 语句总是与在其上面的最近未配对的 if 语句配对。

else 不只是和 if 配套使用，还可以进行再判断，比如可以写成下面这种格式：

```
if(a>=170)
{
    printf("你的身高大于170");
}
else if(a>=160)
{
    printf("你的身高介于160至170之间");
}
```

上述代码在 else 后面添加了一个 if 语句，使程序再次判断。同时，if 和 else 一样，在语句末尾不加分号（;）。else 也可以在末尾选择加或者不加大括号（{}），如果不加大括号，那么效果和 if 一样，只执行后面第 1 行代码。

当程序变得复杂时，if 和 else 语句极易混淆，因此建议读者每一个 if 和 else 语句后面都加一对大括号。IDE 采用 Visual Studio 2010 时，这个 IDE 可以辅助我们，就不会搞混 else 和哪个 if 配套，因为当我们选中其中一个 else 时，Visual Studio 2010 会自动选中与之配套的 if 语句。

同时我们不要太依赖 IDE 的功能，要自己养成格式工整、给代码加注释的好习惯，因为优秀的程序员是不会依赖 IDE 的，出现逻辑错误时，IDE 帮不上忙，只能凭借程序员自己的本事和经验去寻找出现 Bug 的地方。

4.4 嵌套判断语句

前面曾经使用过一次 if 语句的嵌套方法。本节仔细分析嵌套判断语句的使用方法。

假如现在需要设计一个程序来判断一个人的健康情况，输入身高、体重和年龄，计算机就可以给出答案。

编写程序前要想好核心结构和算法等。首先可以肯定的是，我们要采用判断语句，其次需要 3 个变量去存储身高、体重和年龄，同时需要 scanf()函数和 printf()函数用来输入和输出。

大致就是以上这些基本语法，然后还需要准确地输出表。

想好这些基础零件后，我们就要想想核心算法，每个年龄有不同的健康情况，假设可以按表 4.3 的规则来判断。

表 4.3 健康状况

年　龄	体　重	身　高	健康状况
10～20 岁	40～60kg	160～180cm	好
20～30 岁	50～60kg	160～180cm	好
40～50 岁	40～55kg	160～180cm	好

这张表是笔者虚构的，如有雷同，实属巧合。重点是接下来的嵌套判断语句。因为有 3 个变量，计算机不可能一次性就判断出来，此时就要引入嵌套判断语句，写法和之前差不多，就是 if 语句内再判断而已。语法如下：

```
if (a>b)
{
    if (a>c)
    {
        if (a>d)
        {
            ...
        }
    }
}
```

也就是说，在 if 语句条件成立的情况下，在子语句中再次引用 if 语句。读者现在可以运用嵌套写出本节开头判断健康的程序吗？也就是逐个进行判断：可以先判断年龄，再判断体重，再判断身高，然后综合比较，输出健康情况。

在计算机上尝试编写这个程序，如示例 4.6 所示。

【示例 4.6】

```
01  #include<stdio.h>
02  #include<stdlib.h>
03  void main()
04  {
05      int height,weight,age;              // 声明身高、体重、年龄的变量
06      printf("请按顺序输入身高（cm），体重（kg），年龄");
07      // 输入相应的身高、体重、年龄
08      scanf("%d%d%d",&height,&weight,&age);
09  
10      // 10岁以下的情况
11      if(age<10){
12          printf("年龄太小，系统无法判断");
13      }
14      // 年龄处于10～20岁
```

```
15      if(age>=10&&age<20){
16          if(height>160&&height<180)
17          {
18              if(weight>40&&weight<60)
19              {
20                  printf("你健康状况良好");
21              }
22              else
23                  printf("你健康不好哦");
24          }
25          else
26          printf("你健康不好哦");
27      }
28      // 20～30岁的情况
29      if(age>=20&&age<30){
30          if(height>160&&height<180)
31          {
32              if(weight>50&&weight<60)
33                  printf("你健康状况良好");
34              else
35                      printf("你健康不好哦");
36          }
37          else
38              printf("你健康不好哦");
39      }
40          // 30～40岁的情况
41      if(age>=30&&age<40){
42              if(height>160&&height<180)
43              {
44                  if(weight>40&&weight<55)
45                      printf("你健康状况良好");
46                  else
47                  printf("你健康不好哦");
48              }
49              else
50                  printf("你健康不好哦");
51      }
52          // 40岁以上的情况
53      if(age>=40){
54              printf("年龄太大，系统无法判断");
55      }
56      system("pause");
57  }
```

代码采用了 if…else 语句的嵌套方法，代码有一些缺陷，只判断健康状况好的条件，只要满足这些条件，就输出健康状况良好，否则直接输出健康状况较差。

这是本书第 1 段比较长的代码，有 57 行。等学到后期的内容，代码会越来越复杂，特别是后期游戏的代码，都特别长。但是不要害怕，只需多加练习，养成自己的 C 语言“语感”，看懂这些代码和写出这些代码都不在话下。

4.5 多路分支 switch…case

在 C 语言中，具有选择作用的不仅仅有 if 语句，还有 switch…case 语句，这也是一个选择判断语句。只是在一般的判断结构中，switch 不常见，但是在 C 语言二级考试中很常见，所以本节还是详细介绍一下 switch 语句的用法。

为了方便介绍 switch…case 的语法，将 4.4 节身高判断的代码修改如下：

【示例 4.7】

```
01 #include<stdio.h>
02 #include<stdlib.h>
03 void main()
04 {
05     int height;
06     printf("请输入你的身高（cm）?");
07     scanf("%d",&height);
08     height=height/10;
09     switch(height)
10     {
11         case 15:printf("多吃一点 会长高的\n");break;
12         case 16:printf("还不够高哦\n");break;
13         case 17:printf("不错 挺高的了\n");break;
14         case 18:printf("你这是男神身高\n");break;
15         case 19:printf("你也太高了吧\n");break;
16         default:printf("你的身高系统暂时无法判断\n");
17     }
18
19     system("pause");
20 }
```

上述同样是判断身高的程序，但相比起 if 语句，这段代码排列更好看且容易读懂。

从代码可以看出来，switch 后面有一个大括号（{}），这个大括号是不能省略的，switch 语句就是用来处理有多个选项的判断语句，如果只有一行，那么还不如使用 if 语句。大括号里面只能是整型或字符型数据，不能是表达式（例如 switch（8+9））。正是因为必须是整型数据，所以将 height 这个变量设置为 int 类型（即整数类型），同时为了便于判断，将 height 除以 10 得到一个两位数，然后用这个两位数来进行判断。

代码第 11~15 行可以看到 case 后面有一个数字，这个数字其实对应着身高。当输入的身高为 170 时，除以 10 后，变为 17，switch 会自动跳转到 case 后面为 17 的语句，所以程序会输出“不错 挺高的了”。同时 case 后面可以是常量，也可以是常量表达式，但是应当注意 case 和后面的常量之间有一个空格，这个空格是不可或缺的。

同时，在每个 printf()函数后面都加上了一个 break，用来跳出 switch 语句，也就是说，当程序执行完 switch 语句中的一个子语句体时，不会继续判断，因为继续判断只会浪费时间，并且还容易导致逻辑错误，所以采用 break 跳出 switch 语句。

程序执行完其中一个语句体时，遇到 break 语句就会自动跳出 switch 语句。同时，break 语句还经常用于循环结构，第 5 章将讲解循环结构的注意事项和用法。

第 16 行出现了 default，假如用户输入的数值没有一个与 case 后面的常量相同，就运行 default 后面的语句。但是 default 语句不是必需的，读者可以写，也可以不写。

4.6 实战：开发一个选择器

生活中的选择器无处不在，各种电路中都有选择器，如冰箱、电视、计算机、手机等。有时我们需要坐公交车出行，公交车上面也有选择器，用于判断我们投入的硬币，根据硬币的尺寸大小来判断硬币的面额。为了贴近生活，本节就以公交车为例进行介绍。

为了提高精度，公交车上的选择器还具有判断真假币的功能，也就是通过扫描硬币周围的那一圈“凸起”，就可以知道硬币的真假，防止有些不法分子投假币，甚至游戏币。但是现在我们抛开假币不说，只设计一个程序来判断硬币的面额。

首先，我们应当确定硬币的尺寸，在市面上目前有 3 种硬币，尺寸大小分别如下：

（1）1 角硬币：直径为 19mm。正面为行名、面额及年号；背面为兰花图案及行名汉语拼音。色泽为铝白色，材质为铝合金，币外缘为圆柱面。该币于 2000 年 10 月 16 日发行。

（2）5 角硬币：直径为 20.5mm。正面为行名、面额及年号；背面为荷花图案及行名汉语拼音。色泽为金黄色，材质为钢芯镀铜合金，币外缘为间断丝齿，共有 6 个丝齿段，每个丝齿段有 8 个齿距相等的丝齿。该币于 2002 年 11 月 18 日发行。

（3）1 元硬币：直径为 25mm。正面为行名、面额及年号；背面为菊花图案及行名汉语拼音。色泽为镍白色，材质为钢芯镀镍，币外缘为圆柱面，并印有 RMB 字符标记。该币于 2000 年 10 月 16 日发行。

现在知道硬币的尺寸，再根据用户（机器）输入的尺寸就可以判断硬币的面额了。所以一个程序的基本结构就出来了，但是这个程序目前只能判断硬币面值的大小，还不能判断面值是否达到乘车费的需求。

因此，还需要一段程序来判断用户的硬币面值是否达标，大多数城市的乘车费用是两元，组成两元有几种组合方式？用户一般不可能投入 20 枚一角的硬币，所以我们把注意力集中在 1 元和 5 角的组合上，大致分为以下几种：

- 两枚一元硬币。
- 一枚一元硬币和两枚五角硬币。
- 4 枚五角硬币。
- 3 枚五角硬币和 5 枚一角硬币。

常用的可能就是以上几种，其中前 3 种比较常见，第 4 种很少见，但是不排除这种可能。所以，程序首先判断投入的硬币的面值大小，再判断是否足够支付车票即可。

现在读者可以凭借自己的本事来设计这个程序了。

【示例 4.8】

笔者的选择器示例代码如下：

```
01 #include<stdio.h>
02 #include<stdlib.h>
03 void main()
04 {
05     int money;                    // 声明存储面额的变量
06     float all;                    // 声明存储总金额的变量
07     int number;                   // 定义投入的数量
08     printf("请输入投入的货币类型（一元为1 五角为2 一角为3）");
09     scanf("%d",&money);
10     printf("请输入投入的货币数量");
11     scanf("%d",&number);
12     if(money==1)                  // 计算总金额
13         all=1*number;
14     if(money==2)
15         all=0.5*number;
16     if(money==3)
17         all=0.1*number;
18     if(all>=2)                    // 判断投入的金额是否大于两元
19         printf("祝你旅途愉快");
20     else
21         printf("对不起，金额不足");
22 }
```

这个程序只能让乘车人员投入一种硬币，但是在实际生活中是不可取的，所以还需要加入判断多种金额的功能。现在只需要给金额排序即可，参见示例 4.9 中选择器最终的源代码。

【示例 4.9】

```
01 #include<stdio.h>
02 #include<stdlib.h>
03 void main()
04 {
05     int money10;          // 声明存储1元面额的变量
06     int money5;           // 声明存储5角面额的变量
07     int money1;           // 声明存储1角面额的变量
08     float all;            // 声明存储总金额的变量
09     printf("请输入投入的货币数量（依次为1元 5角 1角，中间以空格分开）\n");
10     printf("示例输入1枚1元硬币，0枚五角硬币，0枚1角硬币  \n");
11     printf("标准输入格式：1 0 0 \n");
12 
13     scanf("%d%d%d",&money10,&money5,&money1);
14     all=1*money10+0.5*money5+0.1*money1;
15     if(all>=2)            // 判断投入的金额是否大于两元
16         printf("祝你旅途愉快");
17     else
18         printf("对不起，金额不足");
19 }
```

最终的代码更加简洁，但是实现的功能比示例 4.8 更丰富。所以，优秀的代码是需要仔细推敲的。

4.7 二级 C 语言真题练习

（1）以下程序的运行结果是：____-1____。

```
main()
{
   int  a = 2,b = 3, c ;
   c = a ;
   if ( a>b ) c = 1 ;
   else if ( a == b ) c = 0 ;
   else c=-1;
   printf("%d\n",c);
}
```

（2）分析以下程序：

```
main()
{
    printf("%d",1<4&&4<7);
```

```
    printf("%d",1<4&&7<4);
    printf("%d",(2<5));
    printf("%d",!(1<3)||(2<5));
    printf("%d",!(4<=6)&&(3<=7));
}
```

输出的结果是：10110。

（3）与数学表达式 x≥y≥z 对应的 C 语言表达式是（D）。

A　(x>=y)||(y>=x)　　　　B　(x>=y>=z)

C　(x>=y)!(y>=z)　　　　D　(x>=y)&&(y>=z)

（4）以下叙述中正确的是（D）。

A　逻辑“或”（运算符||）的运算级别比算术运算要高

B　C 语言的关系表达式：0<x<10 完全等价于：(O<x)&&(x<10)

C　逻辑“非”（运算符!）的运算级别是最低的

D　由&&构成的逻辑表达式与由||构成的逻辑表达式都有“短路”现象

（5）以下叙述中正确的是（B）。

A　if 语句只能嵌套一层

B　if 语句和 else 语句中可以是任意的合法的 C 语句

C　不能在 else 语句中再嵌套 if 语句

D　改变 if-else 语句的缩进格式会改变程序的执行流程

第 5 章

◀ C11的循环语句 ▶

本章将会接触循环结构以及相关语句的用法，C 语言中有 3 种结构是读者必须掌握的：第 1 种是顺序结构，前 3 章的代码都是以顺序结构的形式书写的；第 2 种是第 4 章所学的选择结构，也就是通过条件判断语句执行选择的结构；第 3 种是本章要学习的循环结构。

本章主要内容：

- 了解并熟练运用循环结构
- 分清 do while 和 while 循环
- 掌握 for 循环并且能够熟练运用
- 熟练掌握 break、continue 的用法

5.1 什么是循环

早期的计算机语言中还没有发明循环这种语句，比如想要计算机打印 5 遍“hello world”，就得写 5 遍 printf("hello world")，如果一个程序要打印一千遍、一万遍，怎么办呢？不可能写一千遍、一万遍 printf()函数吧，那样代码不知道有多长。所以 C 语言中引入了“循环”这个概念，简单几行代码就可以实现输出很多遍 hello world。

假设要输出 5 遍 hello world，使用以前的知识储备要写 5 遍 printf()函数，虽然简单，但是代码重复次数太多，不够美观，也不够简洁。

现在用 for 循环来写代码，就比较美观大方了，见示例 5.1。

【示例 5.1】

```
01 #include<stdio.h>
02 #include<stdlib.h>
03 void main()
04 {
05   int a=0;
06   for(a=0;a<5;a++)
07   {
08     printf("hello world\n");
```

```
09    }
10    system("pause");
11  }
```

运行结果如图 5.1 所示。

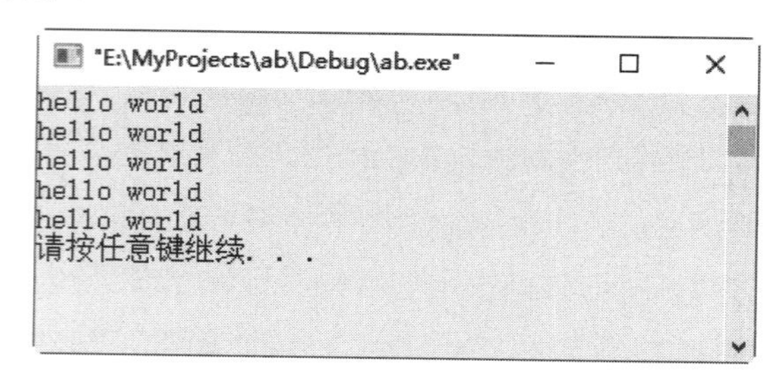

图 5.1　循环运行结果

可见，引入了 for 循环后，代码大大减少，不仅使代码变得简洁，并且易于后期的维护。现在详细分析一下 for 循环语法。

首先，从示例 5.1 中的 for 语句可以看出，for 循环类似 if 语句，后面同样跟一对小括号“()”，当然区别还是很明显的，for 语句小括号“()”中的表达式明显比 if 语句中的多，并且每个表达式用分号（;）隔开，其语法格式如下：

```
for(表达式 1;表达式 2;表达式 3)
{
    代码...
}
```

循环结构中有一个很重要的变量，我们称它为“循环变量”。

（1）表达式 1 用于对循环变量赋初值，循环变量具体是什么呢？示例 5.1 中的 a 就是一个循环变量，但是如果循环变量在 for 循环之前已经被赋值了，这个表达式 1 就可以省略不写。

注　意

省略表达式 1 可以，但其后的“;”不能省略，一旦忘记这个“;”，那么表达式 2 就变成了表达式 1！例如可以写成这样：

```
for(;a<10;a++)
```

示例 5.1 中循环变量 a 在 for 循环之前就已经被赋予初值了，所以在 for 中可以不用再写表达式 1，本例写出来是为了让读者对比加深理解。

（2）表达式 2 用来判断，因为大多数循环都是有限循环，但不排除无限循环，比如游戏界面的刷新，每时每刻都在刷新屏幕，除非出现特定情况才会停止循环。这种循环就是无限循环，对于如何在 for 循环中停止甚至跳出循环，第 4 章介绍过 break 语句，用 break 语句就可以跳出循环，不过切记是当前循环。

（3）表达式 3 的作用是用来修改循环变量的值，每进行一次循环后更改循环变量的值。

现在介绍 for 循环的运行机制：

（1）运行表达式 1。

（2）运行表达式 2，如果满足表达式 2，就运行 for 语句中的代码，如果不满足，循环就会结束。

（3）循环一次后，运行表达式 3，然后跳转到步骤（2）。

（4）如此往复，直到循环结束。

正如示例 5.1 所示，程序首先运行表达式 1（a=0），然后运行表达式 2（a<5），因为之前将 0 赋给了 a，所以 a 现在的值为 0，满足表达式 2（a<5），所以程序运行大括号（{}）中的代码，输出一次 hello world，然后运行表达式 3（a++），对循环变量 a 进行加一操作，这时 a 的值变为 1，然后程序跳转到表达式 2（a<5）再次判断，仍然满足条件，所以继续运行大括号（{}）中的代码。循环往复，直到 a 的值为 5 时，表达式判断为假，循环结束，此时程序已经输出了 5 遍 hello world。

循环有无限循环和有限循环，怎么写才能达到无限循环的效果呢？如果省略表达式 2，是不是可以达到无限循环？这种写法编译会通过吗？

很简单，我们试一下就知道了。将示例 5.1 的 for 循环修改如下：

```
for(a=0;;a++)
```

也就是省略表达式 2，感兴趣的读者可以在计算机上试试看。运行结果如图 5.2 所示。

图 5.2　省略表达式 2 的结果

可见，程序在不停地输出 hello world，一直没有停下来，因为我们没有看到“请按任意键继续”这几个字，而且程序运行停不下来了，达到了无限循环的效果。

在这里给出一道课后练习题，设计一个程序，要求计算从 1 连续加到 1000 的结果。

其代码如下：

```
01  #include<stdio.h>
02  #include<stdlib.h>
03  void main()
04  {
05      int a;
06       int b=0;
07       for(a=0;a<1001;a++)
```

```
08        {
09            b+=a;
10        }
11       printf("%d\n",b);
12       system("pause");
13   }
```

运行结果为 500 500。

注　意

我们是要计算 1 一直加到 1000 的值，所以表达式 2 应注意将 1000 这个值判断为真，所以可以写成 a<1001 或者 a<=1000。

5.2 while 和 do while 的区别

C 语言中除了 for 循环外，while 和 do while 循环也很重要，本节介绍 while 和 while 循环。

while 循环相比 for 循环可能要简便一点，while 循环的优势很明显，代码简约，缺点也很明显，不能及时找到循环变量的控制代码，增加后期修改难度。

为了方便了解 while 循环结构，我们使用示例 5.1 输出 5 遍 hello world 的程序来演示。只不过这次使用 while 循环，而不是 for 循环，见示例 5.2。

【示例 5.2】

```
01   #include<stdio.h>
02   #include<stdlib.h>
03   void main()
04   {
05       int a=0;
06       while(a<5)
07       {
08           printf("hello world! \n");
09           a++;
10       }
11       system("pause");
12   }
```

这段代码的运行结果同样是输出 5 遍 hello world，但是整个代码结构跟 for 循环比较起来差别还是很大的。while 循环后面的括号中只有一个表达式，与 for 循环中的 3 个表达式相比似乎要简洁一些，同样后面跟了一个大括号。如果语句体只有一行，那么可以省略大括号。

下面是 while 循环的语法结构：

```
while（表达式）
{
    代码...
}
```

下面分析 while 循环的运行顺序。

（1）计算 while 后面表达式的结果，如果结果为 0，就运行步骤（4），如果结果非 0，就运行步骤（2）。

（2）运行大括号内的语句体。

（3）跳转到步骤（1）。

（4）结束 while 循环，接着运行 while 循环体后面的语句。

现在来分析 while 和 for 循环有哪些不同。

while 和 for 很大的不同点是循环变量，while 的循环变量必须在 while 循环之前声明并且赋予初值（读者可以试一试不给循环变量赋初值会怎么样）。同样的，不要忘记在计算机中，0 代表假，1 代表真，就拿上述例子来讲，当 a<5 成立时，表达式的值是 1，当 a<5 不成立时，表达式的值是 0。

另外，读者可能发现了，在 for 循环中，循环变量的赋值是在括号中完成的，而 while 循环括号中只有一个表达式，所以对于变量的赋值只能在大括号内的语句块(即 while 的循环体)中完成。感兴趣的读者可以试一试不在循环中改变循环变量的值会怎么样？计算机会做出什么反应？

下面介绍 do while，本例使用 do while 来输出 5 遍 hello world。

【示例 5.3】

```
01  #include<stdio.h>
02  #include<stdlib.h>
03  void main()
04  {
05      int a=0;
06      do
07       {
08          printf("hello world! \n");
09          a++;
10      }while(a<5);
11      system("pause");
12  }
```

这段代码的运行结果和示例 5.2 完全一样，都输出了 5 遍 hello world，但是仔细看发现还是有差别的，不只是多了一个单词 do 那么简单。

while 的位置被放置在了大括号后面，并且后面加了一个分号（;），这个分号读者千万不要忘记了，不加分号程序不会顺利编译。取代 while 位置的是单词 do，当然，这个 do 是必不可少的。有了这个 do，循环的性质就完全不同了，do while 不同于 while，循环第一步不是判断表达式是否非 0，而是直接运行大括号内的循环体，所以无论怎样，循环都会运行一遍。

do while 循环第二步是将循环体执行完一遍后才执行 while 后面括号内的表达式，如果表达式结果为 0，就跳出循环，如果结果为 1，就继续 do while 内的循环体。

说明：do while 循环很重要的一点是无论情况如何，循环体都要运行一遍，不同于 while 和 for 循环要先判断循环变量是否满足条件。这一点对于初学者来说尤为重要，往往初学者很容易忘记 do while 的特性，并且 do while 循环的判断语句放在最后面，而且后面紧跟一个分号。

现在总结一下 do while 与 while 的异同：

- while 的位置不同。
- 循环步骤不同，do while 一定会将循环体运行一遍，而 while 则不一定。
- 循环变量的赋值都得放在循环体内。

5.3 实战：开发一个猜数字游戏

现在我们放松一下，一起开发一个猜数字游戏。其实再复杂的程序，都是由循环结构和选择结构共同组成的，现在已经掌握了基础的选择结构和循环结构，是时候出来练练手了。

【游戏规则】

系统随机选择一个 100 以内的数 a，玩家输入一个数字 b，接着系统将这个输入的数字与 a 比较，如果 b>a，就提示玩家数字偏大，如果 b<a，就提示玩家数字偏小，如果 b=a，就恭喜玩家猜中答案，程序结束。

这个程序很明显需要用到循环，因为程序要不停地比较 a 和 b，由于有比较，因此必须具备判断结构。这时提醒读者一下，用 while 会方便一点，因为循环变量在这个游戏中不用改变，只需要比较就行。当 a=b 时，使用 break 跳出循环即可。

现在尝试开发这个游戏吧！

提　示

随机函数：若要将 a 赋予一个 100 以内的随机数整数：

```
#include<time.h>
srand((unsigned) time(NULL));
a=rand()%100;
```

注意要加上头文件#include<time.h>。

提　　示（续）

因为要进行比较，所以在循环开始之前应该让玩家输入一次，说不定运气好，玩家一次就猜中了。同时，在循环体内也要有 b 的赋值语句。玩家需要一直输入数字，直到输入正确的数字，游戏才结束。

下面是笔者的代码。

【示例 5.4】

```
01 #include<stdio.h>
02 #include<stdlib.h>
03 #include<time.h>
04 void main()
05 {
06     int a;
07     int b;
08     srand((unsigned) time(NULL));
09     a=rand()%100;
10     scanf("%d",&b);
11     while(a!=b)
12     {
13         if(a<b)
14         {
15             printf("输入的数字太大啦\n");
16         }
17         if(a>b)
18         {
19             printf("输入的数字太小啦\n");
20         }
21         scanf("%d",&b);
22     }
23     printf("太棒啦 你猜对啦\n");
24     system("pause");
25 }
```

5.4 循环的控制

现在知道了循环的基础知识，明白了循环的基础原理，以及一些简单的循环运用，本节将介绍循环的高级用法。

每一个编程人员都应该明白质数（也称为素数）的概念，质数就是只能被 1 和自己整除的数，但是 1 不是质数。在很多 C 语言教材上，都会采用质数这个概念来引出循环的控制，也就是 break 和 continue 的用法。笔者本不想用质数这个概念，采用其他更为有趣的例子来为读者介绍循环的控制。但是经过仔细的思考后还是决定用质数，原因有很多，最重要的还是很多 C 语言的题目中提到质数的概率太大了。

废话就不多说了，下面开始介绍循环。

假设现在要编写一个程序，这个程序要判断用户输入的数字是否为质数。很明显编写这个程序需要一个变量来存储用户输入的数字，并且判断一个数是否为质数，我们要用到循环结构，将一个变量初始化为 1，然后让用户输入的数字与这个变量执行取余运算，每次循环这个变量将递增，直到与用户输入的数字相等后循环结束。

如果整个循环结束后才跳出循环，就说明这个数字是质数，如果这个数字不是质数呢？这要在循环执行一半的时候跳出循环，当然，这里说得不够严谨，不一定是循环了一半，循环到任意位置都有可能。

下面演示 break 的用法。

【示例 5.5】

```
01  #include<stdio.h>
02  #include<stdlib.h>
03  #include<time.h>
04  void main()
05  {
06      int a;
07       int b=2;
08       int c=0;
09       scanf("%d",&a);
10       for(b=2;b<a;b++)
11       {
12  
13           if(a%b==0)
14           {
15               c=1;
16           break;
17           }
18  
19      }
20      if(c==0)
21      {
22          printf("是质数\n");
23      }
24      else
25      {
26          printf("不是质数\n");
```

```
27      }
28      system("pause");
29  }
```

这段程序首先设置了 3 个变量，分别用来存储用户输入的数字、循环变量以及判断变量。然后循环开始，如果循环中判断出 a 被整除了，那么运行 break，直接跳出循环，不再执行下一次循环，而是开始执行 for 循环后的 if 语句，可见 break 的作用便是“跳出循环”。即使去掉 break，程序也可以输出正确的答案。这个程序是不严谨的，甚至是错误的。

至于为什么要加入一个 break，那是因为如果不加 break，程序运行时间便会加长，不能及时跳出循环，本就已经判断出这个数字不是质数，但没有方法跳出循环，就必须将整个循环跑一遍，岂不是很浪费时间？由于现代计算机的性能很强，即便多跑几遍循环，用户也不会感受到明显的时间差，但有些程序对时间精度要求很高，要求程序运行得尽可能短暂，这时就必须用到 break 来跳出循环。

但为什么说这个程序是错误的？因为本节开头已经讲过，1 不是质数，但是这个程序没有判断 1 是不是质数这个功能。因此，修改程序加上判断 1 是不是质数的功能，也就是再添加一个 if 语句。

介绍完 break，再来介绍 continue。

假设要编写一个程序用来输出 1～10，但是不能输出偶数，该怎么办呢？我们知道 break 用于跳出循环，在这里是不可用的，可以采用 if 判断语句，每次循环都判断两次，如果是偶数就不输出，但是这样写代码显得太长，用 continue 可以解决这个问题，见示例 5.6。

【示例 5.6】

```
01  #include<stdio.h>
02  #include<stdlib.h>
03  #include<time.h>
04  void main()
05  {
06      int a;
07      for(a=1;a<11;a++)
08      {
09          if(a%2==0)
10              continue;
11          printf("%d\n",a);
12      }
13      system("pause");
14  }
```

程序运行结果如图 5.3 所示。

正确输出了 1~10 除了偶数外的其他整数，所以 continue 的作用是“跳过这次循环”，而不是像 break 那样直接跳出循环，当循环运行到 continue 时，就不再往下执行了，而是跳到本层循环的下一轮循环继续执行。

也就是说，如果 a 中的数值能被 2 整除，就运行 continue，当运行到 continue 时，循环不再往下执行，而是进入下一次循环，也就是循环变量 a=3 时的循环。后面的 printf 就没有运行，所以不会输出偶数。

有了 break 和 continue 这两个循环利器，我们就能随心所欲地控制循环了。

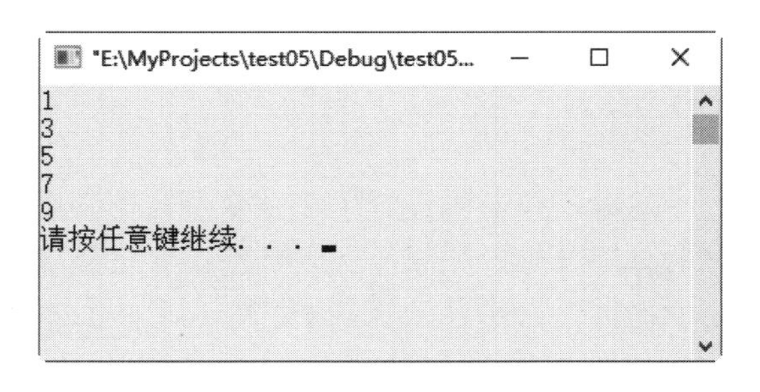

图 5.3　示例 5.6 运行结果

5.5 循环的应用

本节谈谈循环的应用，包括什么情况下要用到循环，以及什么情况下该用什么循环。

众所周知，C 语言程序就是由众多判断和循环结构组成的，只要掌握了基础语法知识，再加以练习，就可以编写出很棒的程序，就像本书开头讲的那样，编写程序不用追求过分复杂，简单的语法就足够了。

讲到循环，for 循环是笔者很喜欢，也是很常用的循环。但是在某些情况下，while 循环也是不错的选择，例如一个程序要不停地循环，直到中途某个变量达到条件，循环才会结束。就好像游戏，玩家控制的角色只要不死亡，界面就得一直刷新，除非所控制的角色死亡，那么界面停止刷新，并弹出结束界面。

因为不知道玩家控制的角色什么时候会死掉，循环多少次我们并不知道。for 和 while 一样，都只用一条语句就可以实现死循环：

```
for(;;)         /* for 死循环 */
{}

while(1)        /* while 死循环 */
{}
```

这都是死循环，根本不用写循环变量，也不需要循环条件，如果需要跳出循环，使用 break 就行，是不是很简单？所以，在需要编写一个死循环的时候，就按照上面选择 for 或 while 都是不错的选择。

后面会介绍数组的概念，因为有了数组，我们就可以编写一些很好玩的小游戏，但是给数组赋值需要用到循环，这个时候 while 循环就不好用了。数组有一维数组和二维数组之分，二维数组常用来初始化游戏界面，定义游戏界面尺寸就用二维数组，不仅方便，而且易于维护。这个时候 while 循环的弊端就出现了，因为不是无限循环，而是有边界的。游戏界面肯定是有边界的，所以就用 for 循环来达到刷新界面的功能。

相对而言，while 适用于没有循环变量的循环，for 更适用于用循环变量来控制已知循环次数的循环。

什么时候要用循环，该用什么循环，当代码练习达到一定程度时，自然而然就知道了，这是程序员的第六感。

5.6 实战：开发一个打飞机游戏

本节练习开发一个简单的打飞机游戏。打飞机游戏读者应该都玩过，著名的雷霆战机就是一个打飞机游戏。

现在要做一个类似雷霆战机的小游戏，原理结构很简单，就是由飞机和敌机组成，飞机可以发射子弹，若子弹打中敌机，则敌机消失，分数加一。这里为了简化代码难度，敌机没有发射子弹的功能。游戏怎么才能结束呢？敌机击中玩家的飞机即可。

分析完了大体功能，下面讲讲编写代码需要注意的事项以及具体实现方法。

首先，游戏大体的代码结构要先写出来，很简单：

```
01 #include<stdio.h>
02 void main()
03 {
04
05 }
```

然后要试着输出“飞机”，飞机用什么来表示呢？笔者是用“@”符号来表示飞机的，读者知道输出是用 printf()，用 printf("@")就可以输出飞机，这样理论上没有问题，但是飞机输出的位置在哪呢？是不是输出在第 1 行第 1 列，也就是左上角的位置？但按照常理来说，哪有飞机游戏一开始飞机就在最上面的，一般都在界面的中央。

怎么将符号输出在界面中央呢？这是 C 语言中游戏界面的定义问题，如图 5.4 所示。

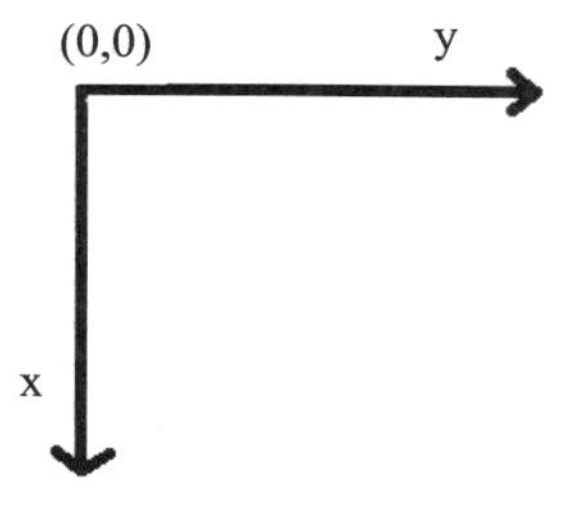

图 5.4　游戏界面的定义

假设现在飞机的坐标是(x, y)，但是 C 语言中的坐标与我们日常生活中的坐标不太一样，x 轴是作为纵轴的，而 y 轴是作为横轴的。第 8 章会详细说明为什么坐标轴是反的，这里就不过多介绍了。

因此，要想将飞机输出在界面中央，在飞机前面输出 y 个空格，在飞机上面输出 x 个换行符号"\n"即可，参见示例 5.7。

【示例 5.7】

```
01  #include<stdio.h>
02  #include<stdlib.h>
03  void main(void)
04  {
05      int i,j;                 // 声明两个循环变量
```

```
06      int x=10;              // 声明画布尺寸的变量，长为10，宽为8
07      int y=8;
08
09      for(i=0;i<x;i++)       // 输出飞机上面的换行符号
10          printf("\n");
11      for(j=0;j<y;j++)       // 输出飞机前面的空格
12          printf(" ");
13
14      printf("@\n");         // 输出飞机
15      system("pause");
16  }
```

运行效果如图 5.5 所示。

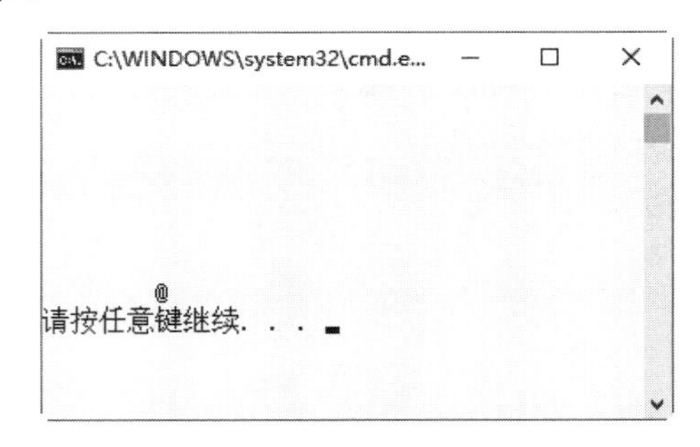

图 5.5　运行效果

现在飞机已经输出了，但是游戏界面要时刻保持刷新，总不能随便按一个键就停止运行吧？

死循环前面讲过，是用 while(1)实现的，同时引出一个新函数，就是清屏函数 system("cls")，没有清屏函数会怎么样呢？是不是整个界面全是飞机或者子弹？所以要在循环完一次后就清屏一次，然后接着循环。改进后的代码见示例 5.8。

【示例 5.8】

```
01  #include<stdio.h>
02  #include<stdlib.h>
03  void main(void)
04  {
05      int i,j;
06      int x=10;
07      int y=8;
08      while(1)                      // 死循环
09      {
10          system("cls");            // 清屏函数
11          for(i=0;i<x;i++)
12              printf("\n");
13          for(j=0;j<y;j++)
14              printf(" ");
```

```
15          printf("@\n");
16
17      }
18  }
```

做了这一步后，界面会一直停留在飞机界面，并且是一闪一闪的，这个时候按任何键都不会结束程序。

有了飞机还不够，我们还需要“控制飞机”，就是让飞机的坐标发生改变，应该怎么实现呢？其实很简单，只需要更改 x 和 y 的值就可以了，但是这次要用 W、A、S、D 来实现控制：

```
输入 S，x 加一，飞机下移一格
输入 W，x 减一，飞机上移一格
输入 A，y 减一，飞机左移一格
输入 D，y 加一，飞机右移一格
```

原理就是这样简单，现在需要解决输入问题，之前学习的 scanf()函数可不可以用在这里呢？

答案显然是不行，如果采用 scanf()函数，那么在玩家按下 W、A、S、D 键后，程序不会做出反应，要在玩家按下回车键后才有反应。这是很影响游戏体验的，C 语言有办法解决这个问题，在 conio.h 中有一个 getch()函数就可以办到。运用 getch()函数就不用按回车键了，这从另一方面暗示 getch()函数只能用于单字符输入。

如果要使用 getch()函数，就必须包含 conio.h 头文件。更改后的代码见示例 5.9。

【示例 5.9】

```
01  #include<stdio.h>
02  #include<stdlib.h>
03  #include<conio.h>            // 包含头文件
04  void main(void)
05  {
06      int i,j;
07      int x=10;
08      int y=8;
09      char c;                  // 声明输入变量
10      while(1)
11      {
12          system("cls");
13          for(i=0;i<x;i++)
14              printf("\n");
15          for(j=0;j<y;j++)
16              printf(" ");
17          printf("@\n");
18
19      c=getch();               // 采集用户输入的数据
20      if(c=='w')               // 判断是否上移
21          x--;
```

```
22        if(c=='s')           // 判断是否下移
23            x++;
24        if(c=='a')           // 判断是否左移
25            y--;
26        if(c=='d')           // 判断是否右移
27            y++;
28        }
29 }
```

飞机游戏已经可以实现飞机的运动了，现在要实现子弹的功能，这里用“|”来代表子弹，一般子弹都是输出在飞机的正上方，这里引入一个双重循环就可以做到这件事，也就是在每行输入回车前，输入一定的空格，然后输入“|”，最后回车即可。更改后的代码见示例 5.10。

【示例 5.10】

```
01 #include<stdio.h>
02 #include<stdlib.h>
03 #include<conio.h>
04 void main(void)
05 {
06     int i,j;//
07     int x=10;
08     int y=8;
09     char c;
10     while(1)
11     {
12         system("cls");
13         for(i=0;i<x;i++)            // 这里引入双重循环,在每次回车前输入一定的空格
14         {
15             for(j=0;j<y;j++)        // 输入一定的空格
16             {
17                 printf(" ");
18             }
19             printf("|\n");          // 空格输入完后，输入“|”，也就是子弹
20         }
21         for(j=0;j<y;j++)
22             printf(" ");
23         printf("@\n");
24 
25         c=getch();
26         if(c=='w')
27             x--;
28         if(c=='s')
29             x++;
```

```
30          if(c=='a')
31              y--;
32          if(c=='d')
33              y++;
34      }
35  }
```

运行效果如图 5.6 所示。

图 5.6　加入子弹后的运行效果

现在有了子弹，可以实现控制子弹的功能了。这里使用按空格键来输出子弹，这个功能的实现其实很简单，添加判断语句就行了，当玩家按空格键时输出子弹，当玩家没有按空格键时什么都不输出。

为了实现这个功能，还需要加上一个判断变量，之后引入空格键的判断机制即可，代码见示例 5.11。

【示例 5.11】

```
01  #include<stdio.h>
02  #include<stdlib.h>
03  #include<conio.h>
04  void main(void)
05  {
06      int i,j;
07      int x=10;
08      int y=8;
09      char c;
10      int k=0;                // 声明判断变量，当 k=0时输出回车，当 k=1时输出子弹
11      while(1)
12      {
13          system("cls");
14          if(k==0)                    // 当 k=0时输出回车
15          {
16              for(i=0;i<x;i++)
17              printf("\n");
18          }
```

```
19          if(k==1)                        // 当 k=1时输出子弹
20          {
21              for(i=0;i<x;i++)
22              {
23                  for(j=0;j<y;j++)
24                      printf(" ");
25                  printf("|\n");
26              }
27              k=0;                        // 每次输出完子弹后，将 k 归零
28          }
29          for(j=0;j<y;j++)
30              printf(" ");
31
32          printf("@\n");
33
34          c=getch();
35          if(c=='w')
36              x--;
37          if(c=='s')
38              x++;
39          if(c=='a')
40              y--;
41          if(c=='d')
42              y++;
43          if(c==' ')                      // 当用户输入空格时，将 k 的值更改为1
44              k=1;
45      }
46  }
```

运行效果如图 5.7 和图 5.8 所示。

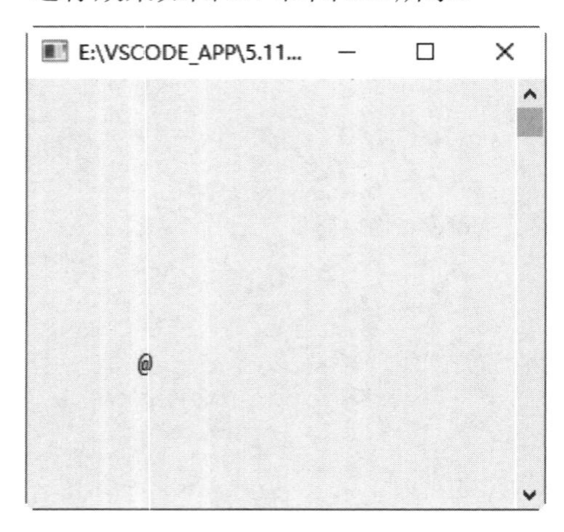

图 5.7　未按回车键时的界面

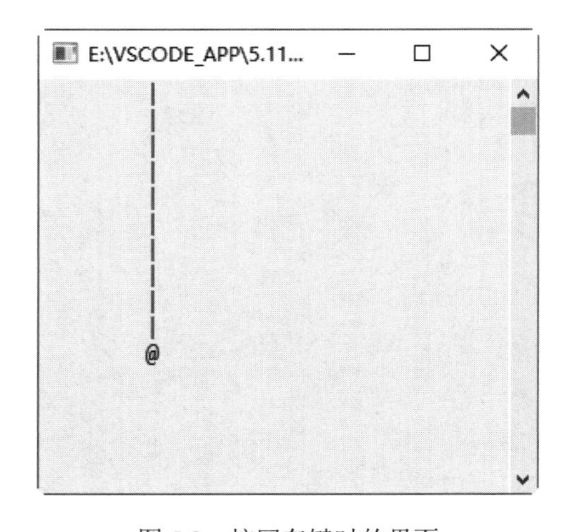

图 5.8　按回车键时的界面

现在飞机和子弹都有了，就差敌机了，该怎么实现敌机呢？而且敌机要具备随机出现功能，并且被子弹打中之后必须消失。

现在定义敌机出现在第 1 行，也就是要在敌机前面输出一些空格，这就需要声明一个新变量，同时还需要判断子弹的 y 值和敌机的 y 值是否相等，如果相等，敌机就会消失。

改进后的代码如示例 5.12 所示。

【示例 5.12】

```
01 #include<stdio.h>
02 #include<stdlib.h>
03 #include<conio.h>
04 void main(void)
05 {
06     int i,j;
07     int x=10;
08     int y=8;
09     char c;
10     int k=0;
11     int number=5;              // 定义飞机前面的空格
12     int arm=0;                 // 判断敌机是否输出，为0输出敌机，为1不输出敌机
13     while(1)
14     {
15         system("cls");
16         if(arm==0)             // 现在判断是否输出敌机
17         {
18             for(i=0;i<number;i++)
19                 printf(" ");
20             printf("$\n");
21         }
22 
23         if(k==0)
24         {
25             for(i=0;i<x;i++)
26                 printf("\n");
27         }
28         if(k==1)
29         {
30             for(i=0;i<x;i++)
31             {
32                 for(j=0;j<y;j++)
33                     printf(" ");
34                 printf("|\n");
35             }
36             k=0;
```

```
37              if(number==j)                       // 判断子弹是否击中敌机
38                  arm=1;
39          }
40          for(j=0;j<y;j++)
41              printf(" ");
42
43          printf("@\n");
44
45          c=getch();
46          if(c=='w')
47              x--;
48          if(c=='s')
49              x++;
50          if(c=='a')
51              y--;
52          if(c=='d')
53              y++;
54          if(c==' ')
55              k=1;
56      }
57  }
```

现在问题又来了，目前只能出现一架敌机，而且位置是自己定义的，定义出现在第 1 行、第 5 个字的位置，那么敌机每回合都会出现在这里，这样有什么意思呢？我们需要敌机随机出现，而不是自己定义的位置，而且还需要当一架敌机被击中的时候，另一架敌机会立刻出现，这又该怎么实现呢？

随机数的产生在 C 语言中可以使用 rand()函数，但是只有 rand()函数还不够。rand()函数第一次会输出一个随机数，但是以后每次输出的随机数都是一样的。所以还需要使用 srand((unsigned)time(NULL))，意思是初始化随机数，这样 rand()函数每次输出的随机数就不一样了。要使用 srand()函数就需要引入头文件<time.h>。

要想敌机随机出现，应该将随机数赋值给谁？很显然赋值给用于确定敌机前面有多少个空格的变量，本例是 number。同时，还需要设置一个变量，决定敌机是否需要刷新，因为敌机被击中的时候要求另一架敌机立刻出现。更改后的代码见示例 5.13。

【示例 5.13】

```
01  #include<stdio.h>
02  #include<stdlib.h>
03  #include<conio.h>
04  #include<time.h>                                // 引入头文件
05  void main(void)
06  {
07      int i,j;
```

```
08      int x=10;
09      int y=8;
10      char c;
11      int k=0;
12      int number=5;
13      int arm=0;
14      int l=0;                    // 判断是否需要更改敌机的位置，为0不更改，为1更改
15      srand((unsigned)time(NULL));          // 初始化随机函数
16
17      while(1)
18      {
19          system("cls");
20          if(l==1)                          // 等于1的时候更改敌机的位置
21          {
22              number=rand()%10;             // 产生一个0～10的随机整数
23              l=0;
24          }
25          if(arm==0)
26          {
27              for(i=0;i<number;i++)
28                  printf(" ");
29             printf("$\n");
30          }
31
32          if(k==0)
33          {
34              for(i=0;i<x;i++)
35                  printf("\n");
36          }
37          if(k==1)
38          {
39              for(i=0;i<x;i++)
40              {
41                  for(j=0;j<y;j++)
42                      printf(" ");
43                  printf("|\n");
44              }
45              k=0;
46              if(number==j)
47              {
48                  arm=0;                  // 由于始终会显示敌机，因此设置为0
49                  l=1;                    // 击中敌机的时候，更改敌机位置
50              }
```

```
51          }
52          for(j=0;j<y;j++)
53              printf(" ");
54
55          printf("@\n");
56
57          c=getch();
58          if(c=='w')
59              x--;
60          if(c=='s')
61              x++;
62          if(c=='a')
63              y--;
64          if(c=='d')
65              y++;
66          if(c==' ')
67              k=1;
68      }
69  }
```

这个游戏的界面很简陋，因为采用的 DOS 界面，非常简单。第 9 章将会介绍一个很强大的函数库——EasyX。使用这个函数库后，飞机游戏就可以变成彩色的，同时还可以引用自己喜欢的图片当作背景，甚至可以设计自己喜欢的飞机模型。那时读者的代码质量会上升一个很大的档次。

本例的难点在于逻辑的判断或者函数的应用，其实函数不是问题，都有其固定的语法，按着语言的规则去编写就行，主要难点是逻辑的处理。

以飞机游戏来说，在没有赋予敌机随机出现的功能之前，判断敌机是否被击中，如果被击中，就会消失，所以这里引入了一个变量 arm 来判断是否输出敌机。但是加入随机功能后就出现问题了，因为有了随机功能的存在，导致一架敌机被击中，另一架敌机会立刻出现，这就不存在敌机是否输出的问题了，因为敌机每时每刻都存在，都必须输出，所以之前的 arm 变量作废。

Visual Studio 2010 IDE 并不会提醒 arm 变量没有用了（有些最新的 IDE 是可以的），出现 Bug 的时候只有一步一步分析。这个过程想必很难受，但是痛有多深，反馈的幸福就有多浓厚。每当程序运行成功的时候，那种喜悦可能只有程序员才懂吧。

5.7 二级 C 语言真题练习

（1）由以下 while 构成的循环，循环体执行的次数是（D）。

```
int k=0;  while(k=1)k++;
```

A　有语法错，不能执行　　　　B　一次也不执行
C　执行一次　　　　　　　　　D　无限次

（2）以下叙述中正确的是（A）。

A　只要适当地修改代码，就可以将 do-while 与 while 相互转换
B　对于“for(表达式 1；表达式 2；表达式 3)循环体”，首先要计算表达式 2 的值，以便决定是否开始循环
C　对于“for(表达式 1；表达式 2；表达式 3)循环体”，只在个别情况下才能转换成 while 语句
D　如果根据算法需要使用无限循环（通常所称的“死循环”），那么可以使用 while 语句

（3）对于 while(!E) s；，若要执行循环体 s，则 E 的取值应为（D）。

A　E 等于 1　　　B　E 不等于 0　　　C　E 不等于 1　　　D　E 等于 0

（4）以下叙述中正确的是（B）。

A　循环发生嵌套时，最多只能嵌套两层
B　3 种循环：for、while、do-while 可以互相嵌套
C　循环嵌套时，如果不以缩进形式书写代码，就会有编译错误
D　for 语句的圆括号中的表达式不能都省略掉

（5）以下叙述中正确的是（C）。

A　continue 语句使得整个循环终止
B　break 语句不能用于提前结束 for 语句的本层循环
C　使用 break 语句可以使流程跳出 switch 语句体
D　在 for 语句中，continue 与 break 的效果是一样的，可以互换

第 6 章

C11的数据类型

本章将介绍 C 语言中的数据类型。经过前面的学习，读者已经了解了整型和浮点型，并且大致掌握了 int 和 double 的相关语法。除了这两种常见的数据类型外，C 语言还有字符型以及指针类型。指针类型比较复杂，第 10 章再介绍，本章详细介绍一些基础数据类型的运用。

本章主要内容：

- 了解基础数据类型的运用
- 掌握整型、浮点型、字符型的相关输入输出规则
- 熟知不同数据类型之间的转换，重点掌握强制类型转换

6.1 基础数据类型

前面已经学习过整型和浮点型，在创造一个变量时，首先应该给它声明类型，C 语言是一个高级语言，对类型的要求虽然不像低级语言汇编那么严格，但是在高级语言这个圈子中，C 语言对类型的要求绝对是数一数二的。

反观其他语言，例如 Python 就不看重数据类型，甚至程序员都不用声明变量类型，直接引用就可以。因为 Python 语言有一个自带的翻译器，可以帮助程序员解决很多语法上的问题，但是翻译器又是 Python 的双刃剑，一方面它方便了程序员的编写，另一方面它又拖慢了程序的运行速度。

C++和 Java 比 C 语言对数据类型更加看重，这也引发了程序员之间的争论，争论大致围绕哪种语言更好，支持 Python 的人认为程序员不应该花费时间在类型的声明上，而是多注重核心算法的构建，但是支持 Java 的人认为看重数据类型可以提前审查程序，并且容易找出程序错误的地方，本应该用 double 类型的变量一不小心设置为 int 类型就会导致后期数据存在误差，进一步导致程序错误。再说熟悉基本的语言知识是程序员的基本素养。

当然，不要因为正在学习 C 语言就认为它是最好的语言，每种语言都有其独到的地方，同样，也有其弱点，如编译速度慢、代码臃肿、程序不稳定等。世界上不存在完美的语言，正是有了各种各样的语言，计算机才会变得这么神秘多彩。

理论上计算机是不可能诞生完美语言的，因为计算机的应用领域实在太广，如家庭、军事、工业生产、企业等，这些领域对计算机的要求各不相同，甚至应用的环境天差地别，也就导致

需要不同种类的计算机去实现这些领域各自的功能。例如，工业上的自动控制系统大多采用 PLC（可编程控制器），同时不同厂家的 PLC 采用的编程语言各不相同，但是都支持梯形图语言。

尽管理论上不会出现“完美语言”适用于各个计算机领域，但是未来的事谁能说得准呢？要知道很久以前人类还不能飞上天，而现在飞机已经成为一个常用的出行交通工具。以前人与人之间的通信靠写信来维持，而现在手机已经成为现代人必不可缺的“生活用品”。所以，对于未来，我们要始终抱着乐观的心态，说不定哪天人类就发明了完美的语言，甚至是完美的 AI 呢？

言归正传，要学习数据类型，我们首先要知道“内存”这个概念，所有程序都是在内存中面运行的，但内存有限，就意味着需要给每个程序分配一定的空间，应该分配多少空间才合适呢？

现在市场上很多手机运行内存都达到了 4GB，要知道很多早期的智能手机运行内存只有 100MB 左右，同时打开几个程序就很卡。现在就不一样了，市场上主流的旗舰手机运行内存达到了惊人的 10GB，甚至比一些计算机都大。不仅手机可以更流畅，并且运行 App 也不会明显卡顿，不得不佩服科技的发展速度。

GB 单位其实很大了，最小的是 Bit，下面整理出单位之间的换算关系：

```
1Byte=8Bit
1KB=1024Bytes
1MB=1024KB
1GB=1024MB
1TB=1024GB
```

为什么单位之间的换算进率不是 1000 而是 1024 呢？感兴趣的读者可以去网上查找资料，深入了解，此处不再赘述。另外，我们常说的位（Bit）、字节（Byte）、字（Word）又是什么呢？

- 位：就是计算机中最小的单位，1Bit 代表 0 或 1，因为计算机内部采用二进制。
- 字节：1 字节等于 8 位，也就是 1Byte=8Bit。
- 字：一字等于两个字节，也就是 1Word=2Byte，也就是常说的“字长”，计算机的字长越长，就说明计算机的性能越好，CPU 一次可以处理更多数据。

了解了内存，下面介绍整数类型。

6.2 整数类型

本节主要介绍 C 语言数据类型中的整数类型，简称为整型。

在前面的学习中，读者知道 int 就是一个整数类型，声明整型变量时就用 int 类型，但是 C 语言中远不止 int 一个整数类型，还有 char、short、long、long long 等类型都可以用来表达整数。它们之间有什么区别呢？

主要区别就是在内存中所占的大小不同，每个类型有属于自己的大小。sizeof()函数用于获取数据类型的大小，返回相应变量所占内存的大小。

sizeof()函数的用法参见示例 6.1。

【示例 6.1】

```
01 #include<stdio.h>
02 #include<stdlib.h>
03
04 void main()
05 {
06     int a;
07     printf("%d\n",sizeof(int));
08     printf("%d\n",sizeof(a));
09     system("pause");
10 }
```

代码首先声明了一个变量名为 a 的整型变量（用关键字 int 来声明），然后输出 sizeof(int)和 sizeof(a)的大小，输出结果都为 4，说明 int 类型在内存中占据 4 字节的空间，因而声明为整型的变量 a 在内存中也是占据 4 字节的空间。现在分别输出 char、short、long、long long 的大小，参见示例 6.2。

【示例 6.2】

```
01 #include<stdio.h>
02 #include<stdlib.h>
03
04 void main()
05 {
06
07     printf("%d\n",sizeof(char));
08     printf("%d\n",sizeof(short));
09     printf("%d\n",sizeof(int));
10     printf("%d\n",sizeof(long));
11     printf("%d\n",sizeof(long long));
12     system("pause");
13 }
```

运行结果如图 6.1 所示。

图 6.1　运行结果

现在列出相关类型所占内存的大小和输入输出的语法：

```
char 所占大小为 1 字节              输入%d，输出%d
short 所占大小为 2 字节             输入%hd，输出%d
int 所占大小为 4 字节               输入%d，输出%d
long 所占大小为 4 字节              输入%ld，输出%ld
long long 所占大小为 8 字节         输入%ld，输出%ld
```

但是这并不严谨，在有些计算机上，sizeof(int)输出的不是 4，long 也不一定是 8，这是由于计算机的字长不同导致的，现在市场上计算机几乎都是 64 位的，32 位的很少，如果同时安装的 Visual Studio 2010 是 64 位的，long 的大小就变了，变为 8 字节。

所以 int 和 long 在内存中所占的大小取决于编译器，而 char、short、long long 的大小是固定的，分别是 1 字节、2 字节、8 字节。

现在我们知道了整型有很多种，不同类型的区别就是在内存中所占的大小不同，并且输入、输出的格式不同。

不同的整型在内存中占据的空间不同，还会导致它们有什么不同呢？所表达的数字范围不同。我们知道在计算机内部使用二进制来表达数字，1 字节等于 8 比特，char 在内存中占据 1 字节的大小，所以可以表示最大的数字是 11111111（注意这不是十进制，而是二进制），换算成十进制就是 255。

那么 char 表示的数字范围是不是 0~255 呢？不是，如果 char 表示 0~255 的数字，那么 char 的负数该怎么办？在计算机中不会用“-”来表示负数，也就是说，我们常用的十进制的负数形式在计算机中是行不通的。这里担心读者对负数的表示不理解，直接给出答案。计算机中采用“补码”的形式来表示负数（将二进制数第一位用作符号位，0 表示整数，1 表示负数），这样一来，char 能表达的范围就是-128~127（也就是 7 位二进制表示的范围）。实践出真知，参见示例 6.3 中 char 类型的演示。

【示例 6.3】

```
01  #include<stdio.h>
02  #include<stdlib.h>
03
04  void main()
05  {
06      char a=127;
07      a++;
08      printf("%d\n",a);
09      system("pause");
10  }
```

运行结果应该是多少？答案是-128。为什么不是正数 128，而是负数呢？因为采用了补码的形式，导致 char 形式下 127 加 1 等于-128，相当于 char 是一个圆圈，头尾分别是-128 和 127，这个尾加 1 是不是应该跳到头-128 呢？

那么问题来了，如果用户想要 char 表示的范围是 0~255，怎么办呢？很简单，在 char 前面加一个 unsigned 就行了。

下面以示例 6.3 为基础，只不过在 char 前面添加关键字 unsigned。

【示例 6.4】

```
01  #include<stdio.h>
02  #include<stdlib.h>
03
04  void main()
05  {
06      unsigned char a=127;
07      a++;
08      printf("%d\n",a);
09      system("pause");
10  }
```

上述代码的运行结果就是 128。

下面给出相应的整数类型的范围。

- char：-128~127。
- short：-32768~32767。
- int：根据编译器的不同所表达值的范围也不同。
- long：同 int 一样，表达数值的范围与编译器有关。
- long long：数字范围就请读者自己计算吧，这个范围有点大。

所以，如果没有特殊的要求，就用 int 类型。虽然整数有很多类型，但是 int 已经足以满足日常编程需要了。正是因为如此，笔者才在一开始就用 int 来表达整数，读者可在学到一定程度时添加 C 语言众多的整数类型。如果一开始就介绍这么多类型的话，容易混淆相应类型的用法，并且不利于 C 语言的学习，会让读者感到 C 语言很困难，难以入门。

笔者曾经尝试用 short 来声明整型变量，因为大多数程序数据都不大，有时用 short 可以节省一点存储空间，不也挺好吗？结果就是 too young too simple。自己设计的程序中，往往变量的数值不是固定不变的，会随着循环周期的变化而递增，增长到一定程度后，就会导致程序出错，严重时还会导致程序崩溃。这也是设计的游戏往往运行到一半就自己闪退的原因。记得以前编写的五子棋代码中就有采用 short 的变量，五子棋的规则读者应该都知道，当黑棋或者白棋在棋盘上形成连续 5 个棋子时游戏结束，但笔者测试这个游戏的时候，游戏玩到一半时就莫名其妙地闪退了。起初还认为是无意中连接了 5 个棋子，直到有一次场上只有 3 个棋子就闪退了，这次肯定就不是意外了，棋子都不够，怎么可能达到游戏结束的条件。

很明显是出现了逻辑错误，在经过审查后，发现问题出在 short 变量上，原来是变量中的数值随着游戏循环的增加而增加，导致最后数据大小超出了 short 所能容纳的范围，造成程序崩溃，所以才出现闪退现象。将 short 换成 long 后，问题立马得到了解决，五子棋小游戏从此再也没有发生闪退的现象。

讲到闪退现象，我们手机中安装的 App 是不是也会发生闪退现象？这其实是一种“内存溢出”，当手机 App 所需的内存超过手机本身的内存时，就会出现卡顿，严重时会出现闪退现象。这种情况在几年前较为常见，特别是在几年前出品的手机上运行最新推出的一些 App 时，尤其是游戏软件，发生闪退的概率很大，不过近几年手机行业发展迅速，各大厂商都有各自的旗舰机，这些旗舰机有一个共同的特点，就是运行内存很大，采用时下最新的处理器，闪退的现象基本不存在，更不用说“死机”的情况了。

6.3 浮点类型

前面介绍了 C 语言众多的整数类型，是时候介绍 C 语言的浮点类型了，也就是小数的表示方法。记得前面介绍 C 语言计算的时候提到过小数级别的运算，只不过当时没有详细介绍，只提到可以用 double 来声明浮点类型。在 C 语言中，不是只有 double 可以声明浮点变量，本节将详细讲解关于浮点类型的注意事项。

前面的编程示例用了 double 类型来表示小数，输入用%lf，输出用%f。为了方便记忆，表 6.1 列出 C 语言常用的浮点类型及其相应的输入和输出。

表 6.1 float 和 double 相关概念

名　　称	字　　长	范　　围	有效数字	输　　入	输　　出
float	32	0，±（1.20×10^{-38} ~3.40×10^{38}）	7	%f	%f
double	63	0，±（2.20×10^{-308}~1.79×10^{308}）	15	%lf	%f

可以发现，double 的字长比 float 的字长大，这就意味着 double 可以表示的范围比 float 大得多。同时，有效数字是指从左边第一个非 0 的数起算的位数，并不是指小数点后的数字，有效数字说的是位数，float 的有效数字是 7 位，说明 float 的准确值是 7 位，一旦位数达到 7 位以上，第 7 位后的数字就不再准确了。

细心的读者可能发现了一些奥秘，虽然 1.20×10^{-38} 已经很小了，并且 2.20×10^{-308} 更小，但是它们都不等于 0，所以在 C 语言中，总有一部分接近 0 的数字不能表达。

为什么会造成这种情况呢？要想明白这是怎么回事，首先应该了解浮点数在计算机中是如何存储的。目前已知所有的 C/C++编译器都是按照 IEEE（电气和电子工程师协会）制定的 IEEE 浮点数表示法来进行运算的。这种结构是一种科学表示法，用符号（正或负）、指数和尾数来表示，底数被确定为 2，也就是说是把一个浮点数表示为尾数乘以 2 的指数次方再加上符号。

从存储结构和算法上来讲，double 和 float 是相似的，不一样的地方仅仅是 float 是 32 位的，double 是 64 位的，所以 double 能存储更高的精度。double 也被称为双精度，float 被称为单精度，正是因为 double 能存储更高的精度，所以 double 的运行速度比 float 低，一般情况下用 float 就够了。

任何数据在内存中都是以二进制（0 或 1）顺序存储的，每一个 1 或 0 被称为 1 位，而在 x86 CPU 上，一个字节是 8 位。比如一个 16 位（2 字节）的 short int 型变量的值是 1000，那么它的二进制表达就是：00000011 11101000。由于 Intel CPU 的架构原因，它是按字节倒序存储的，因此应该是这样的：11101000 00000011，这就是定点数 1000 在内存中的结构。

目前 C/C++编译器标准都遵照 IEEE 制定的浮点数表示法来进行 float 和 double 运算。这种结构是一种科学计数法，用符号、指数和尾数来表示，底数定为 2，即把一个浮点数表示为尾数乘以 2 的指数次方再加上符号。表 6.2 所示是具体的规格。

表 6.2　规格

	符　号　位	阶　　码	尾　　数	长　　度
float	1	8	23	32
double	1	11	52	64
临时数	1	15	64	80

由于 C 语言编译器默认的浮点数通常是 double 类型，因此下面以 double 类型为例进行介绍。

double 类型共计 64 位，折合 8 字节，由最高到最低位分别是第 63、62、61、……、0 位：

- 最高位 63 位是符号位，1 表示该数为负数，0 表示该数正数。
- 62～52 位，一共 11 位，是指数位。
- 51～0 位，一共 52 位，是尾数位。

按照 IEEE 浮点数表示法，下面把 double 型浮点数 38414.4 转换为十六进制。

把整数部分和小数部分分开处理：整数部分直接转化为十六进制：960E。小数部分的处理如下：

```
0.4=0.5*0+0.25*1+0.125*1+0.0625*0+......
```

实际上永远计算不完。这就是著名的浮点数精度问题。

同时对于输出，还可以用%e，这种表达方式就是科学计数法。这里不介绍科学计数法，感兴趣的读者可以自己去查阅科学计数法的表达方式。平时编程就用%f 即可。

下面通过示例 6.5 来加深对有效数字的认识。

【示例 6.5】

```
01  #include<stdio.h>
02  #include<stdlib.h>
03
04  void main()
05  {
06      float a=1.2345678;
07      printf("%f",a);
08      system("pause");
09  }
```

float 类型的有效数字是 7 位，但是上述代码为 float 类型的变量赋值了一个有效数字是 8 位的数据，然后将其输出，输出结果会是什么呢？

结果显示是 1.234568，为什么数字 7 不见了？float 类型的有效数字是 7 位，代表可以准确输出 7 位数字，其实这个例子不算严谨，因为浮点数是不可能精确的。

我们知道任意两个数字之间都有无穷的数，比如处在 1 和 2 之间的数有无限个，因为有无限的小数。所以精确是 C 语言办不到的事，我们只能尽可能减小误差，尽可能达到准确。

言归正传，数字 7 不是被消灭了，而是四舍五入变成了 8，float 类型的有效数字是 7 位，所以小数点后的数字 8 就被舍弃了，数字 7 因为四舍五入变成了 8，因此才有了 1.234568 这个输出。

那么疑问来了，float 类型不是可以代表±（1.20×10^{-38}~3.40×10^{38}）的数吗？小数点后面应该有很多位才对，怎么计算机没有输出呢？

想让计算机输出很多位数，办法还是有的，只要在源代码的基础上加以修改即可，参见示例 6.6。

【示例 6.6】

```
01  #include<stdio.h>
02  #include<stdlib.h>
03
04  void main()
05  {
06      float a=10.0/3;
07      printf("%.10f",a);
08      system("pause");
09  }
```

程序输出了数字 3.333333254，我们知道 10.0/3 是除不尽的，现在要输出小数点后 9 位，只需在%后添加“.9”，切记不要忘记“.”，显然小数点后 9 位已经超出了 float 类型的有效数字范围，由于浮点数精度问题，因此最后输出数字 3.333333254。很显然，后面的数字是不准确的，因此在使用 float 类型的时候，一定要确保 float 类型变量中数据的有效位数不会超过 7，否则程序运行结果就可能出错。

如果换成 double 类型来输出小数点后 9 位呢？参见示例 6.7。

【示例 6.7】

```
01  #include<stdio.h>
02  #include<stdlib.h>
03
04  void main()
05  {
06      double a=10.0/3;
07      printf("%.10f",a);
08      system("pause");
09  }
```

程序输出了 3.333333333，因为 double 的有效位数是 15 位，小数点后 9 位没有超出范围，所以可以得到正确答案。

在 C 语言中，浮点数还可以表示无限大（inf）和无限小（-inf）。另外，提醒读者如果要用 float 类型的话，在数据后面需要加一个 f 或 F，不然系统会自动认为这是 double 类型的。毕竟 C 语言的浮点数默认是 double 类型，而非 float 类型。

例如 1.23 是 double 类型，但是 1.23f 是 float 类型。同时，由于存在浮点精度问题，因此比较两个浮点数是不可行的，参见示例 6.8。

【示例 6.8】

```
01  #include<stdio.h>
02  #include<stdlib.h>
03
04  void main()
05  {
06      float a;
07      double b;
08      a=10.0/3;
09      b=10.0/3;
10      if(a==b)
11      {
12          printf("相等");
13      }
14       else
15       {
16          printf("不相等");
17      }
18      system("pause");
19   }
```

按理说，float 类型变量 a 的值是 10.0/3，double 类型变量 b 的值也是 10.0/3，在数学中，a 和 b 应该相等，但是在计算机中却不是这样，程序运行结果是“不相等”。

所以，两个浮点数相比较可能得到错误的答案，但对于整型来说就不存在这样的麻烦。

虽然鼓励使用 float 类型，因为 float 类型的运行速度要比 double 类型快，但是笔者一般使用 double 类型，因为使用习惯了，而且 double 的精度比 float 高，使用时不用太担心精度的问题。

但是使用 float 就要操心一些，时不时会运行出错，由于精度只有 7 位，笔者的程序又大多是游戏，刷新频率很高，用不了多长时间，就会超出 float 的精度范围。前面提到过 double 的运行速度比 float 慢，但是现在计算机的 CPU 性能十分强悍，double 类型和 float 类型之间的运行速度差异基本可以忽略不计，但是这只适用于对时间精度要求不高的程序，比如编写小游戏使用 double 类型就好了。

6.4 字符类型

本节介绍字符类型，在前面的飞机游戏中，如果读者认真看了本书给出的代码，就会发现有些变量是 char 类型的，这种变量不仅可以用来存储整型数据，也可以存储字符型数据。飞机游戏是用 W、S、A、D 键来控制飞机的飞行轨迹的。

在键盘上不仅有数字，还有 A~Z 26 个字母以及各种符号。通过前面的学习，我们了解了整数和浮点数的用法，现在学习如何在键盘上输入字母，并且让计算机读懂用户的意思。也就是真正和计算机"交流"，之前都是用数字来表达特定的意思，现在要使用字母来和计算机交流。

同整型变量一样，要从键盘上输入一个字母，就得有一个变量来存储这个字母，这个变量的类型就是字符类型，我们用 char 来声明字符变量。

其实 char 不仅是整数类型，还是字符类型，参考示例 6.9，学习 char 类型的相关语法。

【示例 6.9】

```
01 #include<stdio.h>
02 #include<stdlib.h>
03
04 void main()
05 {
06     char a;
07     a='c';
08     printf("a=%c",a);
09     system("pause");
10 }
```

字符 c 赋值给了字符变量 a，同时用 printf()函数输出字符变量 a 的值，计算机的输出结果为 c，读者很容易发现，字符 c 两边是用单引号引起来的，只有这样计算机才会明白这个 c 是一个字符，不然编译就会出错。同时，用"%c"来输出字符，字符型变量的输入用%c，输出也用%c。

可以将 a、b、c、d 等字母赋值给字符变量，也可以将数字赋值给字符变量。现在将一个数字赋值给字符变量，并且加上单引号，会发生什么呢？参见示例 6.10。

【示例 6.10】

```
01 #include<stdio.h>
02 #include<stdlib.h>
03
04 void main()
05 {
06     char a;
```

```
07      a='1';
08      printf("a=%c a=%d",a,a);
09      system("pause");
10  }
```

这段代码将字符'1'赋值给了变量 a，而不是数字 1，因为 1 两端加了单引号，用 printf()函数输出字符变量 a 的值，先以字符形式输出，再以整型形式输出，结果如下：

```
a=1 a=49 请按任意键继续......
```

为什么会显示 49 呢？也就是说在计算机内部，用数字 49 来代表字符'1'。前面提到过多次，在计算机内部使用二进制，都是数字，不存在字符。如果计算机要表示字符，就得引入一种编码格式，用特定的数字来代表特定的字符，这种编码就是 ASCII 码，在 ASCII 码中，字符'1'的值是 49。同样，字母的大小写也是不同的。读者可以搜索 ASCII 码表了解常用的键盘按键和一些数字的 ASCII 码。

为了便于读者理解，将示例 6.9 的代码修改一下，用%d 输出字符。

【示例 6.11】

```
01  #include<stdio.h>
02  #include<stdlib.h>
03
04  void main()
05  {
06      char a;
07      a='c';
08      printf("a=%d",a);
09      system("pause");
10  }
```

这次用%d 来输出字符变量，结果还会输出 c 吗？

答案是否定的，计算机输出的是 99。查询 ASCII 码对照表，发现小写字母 c 的 ASCII 码对应的十进制数是 99。

是不是有点头绪了？在计算机中，使用 0 和 1 两个数字来表示所有内容，C 语言采用了 ASCII 编码，当输入字符类型时，计算机内部按照 ASCII 码表格来定义字符，将其转化为相应的二进制，例如小写字母 c 的 ASCII 码是 01100011，转化为十进制就是 49。

如果读者编写代码时本应该输出字符的程序却输出了一串数字，别担心，可能只是输出格式用错了而已。

我们将字符型变量用整型格式输出，那么整型变量是否可以用字符型格式输出呢？答案是肯定的，参见示例 6.12。

【示例 6.12】

```
01  #include<stdio.h>
02  #include<stdlib.h>
```

```
03
04  void main()
05  {
06      int a;
07      a=99;
08      printf("%c",a);
09      system("pause");
10  }
```

这个程序将整型变量 a 用字符型语法%c 来输出，小写字母 c 的 ASCII 码值是 99，结果会是输出小写字母 c 吗？结果如图 6.2 所示。

图 6.2　输出结果

6.5 类型转换

C 语言的类型大体上分为 3 类：整型、浮点型和字符型。各个类型的用法和变量声明比较简单。但是在实际编写代码时经常遇到这种情况，往往声明一个变量后，在使用时又需要改变变量类型，也就是整型、浮点型以及字符型之间相互转换。本节介绍如何实现类型转换。

1. 自动类型转换

顾名思义，类型转换就是不同类型之间的转换。早在很多年前，计算机前辈们就考虑到了这种情况，赋予了 C 语言自动转换类型的功能，但是这种自动转换只能往大的方向转变，也就是类型会自动往更大的类型转变，以便能表示更多的数。

例如，int 类型会自动转换为 float 类型，float 类型会自动转换为 double 类型，这种情况发生在运算符两边类型不一致的情况下。同样，char 类型会自动转换成 short 类型，short 类型会自动转换成 int 类型，int 类型会自动转换成 long 类型，long 类型会向更大的 long long 类型转换。

但是也有例外，对于 printf()函数来说，所有取值范围小于 int 的类型都会转换为 int 类型输出，而 float 类型会转换成 double 类型输出，因此输出整数类型使用%d 或者%ld。既然输出有变化，那么输入是否有变化呢？scanf()函数就对数据类型有着很高的要求，需要明确输入的数据类型，所以导致很多不同数据类型的输入有着不同的输入符号，并不能像 printf()那样有自动转换功能。

其实仔细想想，这样安排并不是没有道理。printf()函数只是用于数据输出，用户将数据交给 printf()函数后，printf()函数可以为了输出方便自行改变数据类型，因为这并不会改变“原数据”的类型。而 scanf()函数就不同了，scanf()函数不能自行改变数据类型，因为这个数据是后期要使用的，只能使用程序员规定的数据类型。读者可能不明白“原数据”是什么，在 C 语言中，变量还有一个分类，分为全局变量和本地变量。这个本地变量就对应着“原数据”。相关内容将在第 7 章详细讲解，这里就不多费笔墨了。

2. 强制类型转换

讲解完自动类型转换，现在来介绍强制类型转换。强制类型转换要求数据往小的类型转换，以便获得更快的编译速度和更小的内存分配空间。这时我们需要使用小括号“()”。

例如，(int)1.2 的意思是将 1.2 这个浮点型转换为整型。

【示例 6.13】

```
01  #include<stdio.h>
02  #include<stdlib.h>
03
04  void main()
05  {
06      printf("%d",(int)1.2);
07      system("pause");
08  }
```

之前讲过 printf()函数会自动转换数据类型，将 int 类型变为 double 类型，1.2 本身就是一个浮点数，将其强制转换为整型，再用整型的输出方式%d 来输出。结果会是多少呢？

程序运行结果为 1。显然计算机进行了四舍五入，强制类型转换将大的类型往小的类型进行转换。那就得注意一个问题——内存分配问题，如果转换的数据已经超过了类型表示范围，就会出现错误答案。

这里给出一个错误示例，参见示例 6.14。

【示例 6.14】

```
01  #include<stdio.h>
02  #include<stdlib.h>
03
04  void main()
05  {
06      printf("%d",(char)128);
07      system("pause");
08  }
```

读者还记得 char 类型的表示范围吗？char 能表示-128~127，但要将 int 类型的 128 转换为 char 类型，会发生什么？编译可以通过，程序会输出数字-128。

所以，在强制类型转换中，一定要注意类型的表示范围。

最后提醒一点，强制类型转换的优先级要高于四则运算。例如，要将 3/2 的结果转换为整型，如果写成（int）3/2，就是不正确的，这种写法表示将 3 转换为 int 类型（虽然 3 本就是 int 类型），然后除以 2，正确写法是加个括号即可：(int)(3/2)。

读者有没有想过不转换类型，将浮点型直接用%d 来输出？printf()函数会自动给数据转换类型吗？比如写成下面这种：

```
01  #include<stdio.h>
02  #include<stdlib.h>
03
04  void main()
05  {
06      printf("%d",1.2 );
07      system("pause");
08  }
```

有没有想过会输出什么？肯定不会输出 1.2，因为整型的输出方式为%d，所以输出的数字肯定是不带小数点的，笔者的计算机输出会乱码，但是程序可以编译通过，这就意味着这种错误属于逻辑错误。

总结下来，类型的转换还是挺简单的，读者只要记得加括号“()”和输出的语法就行。举一反三，括号后面不仅可以接立即数，还可以接变量，也就是这种写法：

```
printf("%d",(int)a);
b=(int)c;
```

这种写法是正确的，也是常用的一种，将变量 a 强制转换类型为 int，无论 a 之前是什么类型的，运行这段代码后，a 就转换成整型来输出，另一个语句是将 c 变量暂时转换成整型后赋值给 b。

笔者用了“暂时”这个修饰词，强制类型转换不是永久有效的，只是起一个暂时性的作用。也就是说，当变量 a 进行强制类型转换后，程序运行完这行代码时，a 的类型又将转换成原本的类型。也可以这么理解，只是把 a 的值强制转换了，变量 a 本身的数据类型并没有转换。为了便于理解，再举一个例子，参见示例 6.15。

【示例 6.15】

```
01  #include<stdio.h>
02  #include<stdlib.h>
03
04  void main()
05  {
06      double a=1.2;
07      (int)a;
08      printf("%.1f",a);
09      system("pause");
10  }
```

这次直接将(int)a 当作单独的一行代码，但是第 08 行的 printf()函数将 a 变量当作浮点数来输出，也就是 a 变量原来的 double 类型，程序会报错吗？

不仅程序没有任何错误，并且输出了 1.2。这恰好证明强制类型转换是暂时性的，不是永久生效的，或者说这种语法不影响变量原本的类型，当执行这行代码后，变量会回到原本的数据类型。

使用计算机的好处是，当你不确定这种语法是否正确时，用计算机尝试一下就行了，不用大费周章地去网上搜寻资料或请教老师。同时，这种高自由度和多样性就是 C 语言的魅力所在。我们完全可以根据自己的喜好去设计程序，设计一个属于自己的程序。

6.6 实战：开发一个单位换算器

学习了 C 语言的数据类型就可以开发一个类似单位换算器的程序。世界上有很多不同的数据类型，只是长度的计量单位就有很多种，不同的国家有不同的计量单位。同时，每个国家的流通货币也不一样，因此接下来将开发一个有关货币的单位换算器。

当我们需要去国外旅行时，就得使用当地的货币，但是每个国家的汇率都不一样，10 元人民币在不同国家所能兑换的数额是不同的，人工计算又太麻烦。

因此，开发一个单位换算器，用机器来换算，功能如下：

- 用户从键盘上输入相应的国家，程序会自动查找相应的国家的汇率（例如，c 代表中国，u 代表美国，等等）。
- 用户输入相应的人民币金额，程序会给出相应国家的货币金额。
- 祝贺用户旅行愉快，程序结束。

满足以上 3 种功能，一个简单的单位换算器就出来了，很显然要用到选择结构，因为输入的是字母（国家的简称），所以选择变量 i 用 char 类型来声明（参考示例程序 6.16）。由于世界上国家太多，本例只选择几个国家来举例。总体来说，这个程序的核心算法很简单，首先判断用户输入的国家，然后跳转到相应的汇率计算，最后输出计算结果即可。

示例 6.16 是笔者设计的程序，假设只有英国和美国，汇率分别为 0.5 和 0.7。

【示例 6.16】

```
01 #include<stdio.h>
02 #include<stdlib.h>
03
04 void main()
05 {
06     char i ;                // 声明选择变量
07     double u=0.7;           // 假设美国的汇率为0.7
08     double e=0.5;           // 假设英国的汇率为0.5
09     double money;           // 用来存储用户输入的货币金额
```

```
10      double exchange;    // 用来存储汇率
11
12      // 程序开始
13      printf("请输入你想去的国家（例如 u 代表美国，e 代表英国）");
14      scanf("%c",&i);
15
16      // 判断是去哪个国家
17      if(i=='u')
18      {
19          exchange=u;
20      }
21      if(i=='e')
22      {
23          exchange=e;
24      }
25
26      // 让用户输入相应的金额
27      printf("请输入你想兑换的金额");
28      scanf("%lf",&money);
29      // 计算可以得到相应国家的多少金额
30      printf("你可以兑换得到%f 元，祝你旅途愉快",money*exchange);
31  }
```

目前本书还没有讲解函数的概念，所以本例的代码都写在 main()函数里，导致代码显得很臃肿，并且没有分类，阅读性很差。第 7 章即将学习函数，学会函数之后，代码就会变得简洁许多。

6.7 二级 C 语言真题练习

（1）以下叙述中正确的是（A）。

A　在 scanf()函数中，格式控制字符串是为了输入数据用的，不会输出到屏幕上
B　在使用 scanf()函数输入整数或实数时，输入数据之间只能用空格来分隔
C　在 printf()函数中，各个输出项只能是变量
D　使用 printf()函数无法输出百分号“%”

（2）若声明了 int a; float b; double c;，程序运行时输入： 3 4 5，能把值 3 输入给变量 a、4 输入给变量 b、5 输入给变量 c 的语句是（A）。

A　scanf("%d%f%lf",&a,&b,&c);　　B　scanf("%d%lf%lf",&a,&b,&c);
C　scanf("%d%f%f",&a,&b,&c);　　D　scanf("%lf%lf%lf",&a,&b,&c);

（3）以下叙述中正确的是（B）。

A 在 C 语言中，逻辑真值和假值分别对应 1 和 0
B 关系运算符两边的运算对象可以是 C 语言中任意合法的表达式
C 对于浮点变量 x 和 y，表达式：x==y 是非法的，会出现编译错误
D 分支结构是根据算术表达式的结果来判断流程走向的

（4）设声明了 int a=0, b=1;，以下表达式中，会产生“短路”现象，致使变量 b 的值不变的是（A）。

A a++&&b++　　B a++||++b　　C ++a&&b++　　D +a ||++b+

（5）以下叙述中正确的是（C）。

A 对于逻辑表达式：a++|| b++，设 a 的值为 1，则求解表达式的值后，b 的值会发生改变
B 对于逻辑表达式：a++&&b++，设 a 的值为 0，则求解表达式的值后，b 的值会发生改变
C else 不是一条独立的语句，它只是 if 语句的一部分
D 关系运算符的结果有 3 种：0、1、-1

第 7 章

◂ C11函数的用法 ▸

本章将学习函数的相关语法知识。C 语言的函数和平时数学中学习的函数是不同的，具体的不同需要在本章探索。

函数是高级语言特有的一种结构，想学好函数，还是有一定难度的。不仅是因为函数的晦涩性，更多的在于传递参数的复杂性。函数的“传参”是让人很头疼的事，初学者往往在这方面出现问题，所以本章的难度可见一斑。

本章主要内容：

- 了解函数的语法规则及其结构
- 掌握函数的定义与调用
- 理解 main()函数

7.1 函数的定义与调用

什么是函数？

不用说，读者一定会联想到数学中的 f(x)函数，数学中的函数与 C 语言中的函数可以说没有一点关系，这是两码事。

从学习第一个程序（Hello world）起就开始使用函数了，那什么是函数呢？main()就是函数。我们从一开始就在接触函数，只不过现在才开始真正认识它。

不仅 main()是函数，前面代码中经常用到的 printf()和 scanf()都是函数，其实我们已经潜移默化地认识函数了。

下面举例说明函数的用法和结构。

假设现在需要设计一个程序，功能是让用户输入两个数字，然后比较两个数字的大小，选出两者中比较大的数字。

【示例 7.1】

```
01 #include<stdio.h>
02 #include<stdlib.h>
03
```

```
04  void main()
05  {
06      int i;
07      int j;
08      int max;
09
10      printf("请输入两个不同的整数\n");
11      scanf("%d%d",&i,&j);
12      if( i>j)
13      {
14          max=i;
15      }
16      else
17      {
18          max=j;
19      }
20      printf("最大的数字是%d\n",max);
21      system("pause");
22  }
```

很简单的一个程序，用了 22 行代码，其中第 12~19 行用于比较大小，如果想一个办法将第 12~19 行代码删除，是不是就会简洁很多？这时就要用到函数了，参见示例 7.2。

【示例 7.2】

```
01  #include<stdio.h>
02  #include<stdlib.h>
03
04
05  void max(int a,int b)
06  {
07      int max;
08      if( a>b)
09      {
10          max=a;
11      }
12      else
13      {
14          max=b;
15      }
16      printf("最大的数字是%d\n",max);
17
18  }
19  void main()
20  {
```

```
21        int i;
22        int j;
23
24        printf("请输入两个不同的整数\n");
25        scanf("%d%d",&i,&j);
26        max(i,j);
27        system("pause");
28    }
```

怎么用了函数代码行数反而变多了呢？因为主函数 main()的行数只有第 19~28 行，第 05~18 行是函数 max()的函数体。下面讲解函数的语法规则。

max()函数是自己定义的，它不包括在 C 语言的函数库中，但是 max()函数很特别，在老版本 C 语言的函数库中是有这个函数的，也就是说可以直接引用 max()函数，但是现在我们所使用的 Visual Studio 2010 中没有这个函数，要自行设置。

max()函数的功能很简单，也就是比较两个数字的大小，然后选出比较大的数据。下面详细分析 max()函数的结构。

首先在主函数 main()外面定义了一个 max()函数：

```
05          void max(int a,int b)
```

这一行是函数头，其中 void 是返回类型，前面学习过整型、浮点型和字符型，但 void 是什么类型？void 的意思是“没有”，这代表函数不会返回任何值，max 是函数名，用来区别不同的函数。（int i, int j）是参数表。参数表中的变量可以不止 1 个，这个由读者自己定，随便多少都行，但是最好不要超过 3 个。

第 06~15 行是函数体。注意，这个大括号是必不可少的，与之前的 if 和 while 不同，自定义的函数一定要加大括号。

现在将视线拉回主函数 main()中，它先声明了两个变量，用来存储用户输入的两个整数，当用户输入两个数字后，也就是第 25 行结束后，第 26 行：

```
26              max(i,j);
```

这里的用法叫作“传参”，也就是传递参数，那么数据传到哪里去了？传到 max()函数中了。需要注意的是，传参后，在主函数中变量 i 和 j 的值不变，仍然是用户输入的两个整数（这里牵扯到局部变量和全局变量的知识），这时程序不是继续运行第 27 行，而是开始运行第 05 行，也就是 max()开始部分。

C 语言的程序都是先从主函数 main()开始运行的，而不是从头到尾挨个跑一遍。无论 main()函数在哪个位置，程序都会找到 main()函数开始运行。这就是 C 语言的程序特点。

现在将第 05 行和第 26 行放在一起比较一下：

```
26          max(i,j);
05          void max(int a,int b)
```

有发现吗？第 26 行是传参，将 i 和 j 的值传递到 max()函数中，这就说明 max()函数中必须有两个变量来存储 i 和 j 的值，这两个变量就是 a 和 b。

现在 a=i，b=j，注意这里是赋值的意思。

同时，在 max()函数中声明了一个名为 max 的变量，用来存储最大的整数，最后输出最大值，程序结束。

注　　意
C 语言是不允许在函数内定义函数的，可以引用新函数，但是不可定义新函数。

本节浅显分析了函数的运行及其调用过程，7.2 节将讲解如何正确、灵活地运用函数，使代码变得更加简洁方便。

7.2 函数怎么用

本节讲解怎么灵活运用函数。7.1 节知道了函数的运行过程，明白了传参过程，现在用函数来编写一些完整的程序。

要灵活运用函数，首先要明白局部变量和全局变量，两者的差别很微小，但是作用的范围却有很大差异。在 C 语言中，变量的声明位置决定一个变量是局部变量还是全局变量。

- 局部变量：在函数内或者复合语句内声明，变量的作用域为局部。
- 全局变量：声明的位置不在任何函数或者复合语句内，变量的作用域为全局。在程序开始到程序结束，不属于任何函数，但可以被所有函数共用。

【示例 7.3】

```
01  #include<stdio.h>
02  #include<stdlib.h>
03
04
05  int a;
06  void main()
07  {
08      int i;
09      system("pause");
10   }
```

上面这个例子声明了两个变量，其中 a 是全局变量，因为变量 a 声明在函数外，而变量 i 是局部变量，因为 i 声明在 main()函数内。

正是因为全局变量的特性，所以变量 a 也可以在 main()函数内引用，但是局部变量 i 就只能在 main()函数内作用。

假设在函数内声明了一个变量，又在另一个函数内声明了一个名称相同的变量，会怎么样呢？也就是下面这种写法：

```
void on()
{
    int a;
}
void main()
{
    int a;
}
```

在 main()函数内声明了一个 a 变量，又在 on()函数内声明了一个 a 变量，在之前的学习中，声明两个相同的变量肯定是行不通的，会使程序发生混乱。但是以前声明的变量都是在 main()函数内，现在声明的变量是在 on 函数内，这样的写法是否会发生问题呢？

显然是没有问题的，这种写法 C 语言是支持的，因为这两个本地变量互相没有丝毫关系，都只在各自的函数中起作用，互不干扰。

但是建议不要这么写，虽然这在语法上没有任何问题，但是在使用时很容易出错，声明两个相同的变量，在使用时很容易搞混。比如 main()函数中的 a 变量存储的是飞机的坐标，而 on()函数中的 a 变量存储的是子弹坐标，如果代码很长，那么自己都分不清哪个是飞机的坐标，哪个是子弹的坐标。

本地变量的特点是只能在各自的函数中起作用，所以不同的本地变量之间是互不影响的。但是全局变量会影响本地变量吗？例如在上面示例的基础上增加一个全局变量，参见示例 7.4。

【示例 7.4】

```
01  #include<stdio.h>
02  int a;
03  void on()
04  {
05      int a;
06  }
07
08  void main()
09  {
10      int a;
11  }
```

这一次在函数外面声明了一个全局变量 a，这样写是否可以呢？在 Visual Studio 2010 中，编译是可以通过的，但是最好不要这么写，这么写起作用的只是全局变量 a，而且这种写法很荒唐，一看就是很基础的错误。

全局变量在任何函数中都可以引用，要注意数值改变问题，因为可以在多个函数中引用，所以数值改变是很频繁的。局部变量注意使用的范围就行了。

如果很多函数都需要使用同一个变量，那么使用全局变量即可，如果没有全局变量，那么函数之间就得不停地传参。靠传参来实现这个功能理论上是可以实现的，但是一旦函数特别多，传参将会变得特别麻烦，不仅要考虑变量的数值，还要考虑函数运行的先后顺序，甚至有时还会有“负反馈”的引入，只是想想就已经不可能实现了。

局部变量的特点也很突出，只能在各自的函数中起作用，但是重要的还是各个局部变量之间互不影响。有了这个特性，我们可以放心使用局部变量，而不必担心数值在其他函数内被改变的问题。

但是，C 语言可以将局部变量链接起来，在其他函数中可以改变本地函数的局部变量，使用的是指针。指针将在第 10 章介绍。

但是在各种习题中，常见函数的写法更多的是以下这种：

```
int max (int a, int b)
```

也就是要返回参数的函数不是 void 类型的。当一个函数需要返回值的时候，写法又该怎么变化呢？

为了了解这种写法，更改示例 7.2，如示例 7.5 所示。

【示例 7.5】

```
01  #include<stdio.h>
02  #include<stdlib.h>
03
04
05  int max(int a,int b)
06  {
07      int max;
08      if( a>b)
09      {
10          max=a;
11      }
12      else
13      {
14          max=b;
15      }
16      return max;
17
18  }
19  void main()
20  {
21      int i;
22      int j;
23      int m_ax;
24      printf("请输入两个不同的整数\n");
25      scanf("%d%d",&i,&j);
26      m_ax=max(i,j);
27      printf("最大的数是%d",m_ax);
28      system("pause");
29  }
```

只需要再加上几行。首先在第 05 行，将 void max 变成了 int max，表示 max()函数返回一个整型的数据，返回语句用 return，也就是第 16 行的 return max。return 的功能就是返回，将函数中一个变量返回给 main()函数。

那么问题来了，返回的 max 变量存储在哪了？在第 26 行代码中，m_ax=max(i,j)表示将 max()函数返回的值赋给 m_ax 变量，前面讲过局部变量之间是不互相干扰的，所以这里在 main()函数中声明“最大数”变量的时候，可以用 max 这个变量名，但是用的是 m_ax，为的是不搞混函数和变量，否则极易混淆它们之间的关系。

程序运行完第 26 行代码后，m_ax 中存储的就是 i 和 j 中最大的数，之后输出 m_ax 变量即可。

函数可以返回整型，也应该可以返回浮点型。这时只需将 int 换成 double 即可。但是在使用函数的时候，多数采用 void 类型的函数，同时将需要改变数值的变量设置成全局变量，这样就省去了返回的操作。所以，笔者习惯用全局变量和 void，如果必须修改 main()函数中的局部变量，就使用 C 语言中的指针。

7.3 main()函数

我们从第一个 Hello world 程序就开始使用 main()函数了，当时函数括号中没有任何参数。main()函数是 C 语言的主函数，真的这么简单吗？

其实不然，只不过是发明 C 语言的前辈省略了括号中的内容而已，括号中不仅有内容，而且还不简单，并且理解起来很复杂。

一个程序的起点是 main()函数，但这是不准确的表达。因为在 main()函数之前还有很多程序，只不过我们看不见罢了。系统会先运行这些程序，它们的作用是为程序做准备，做足准备后程序才开始运行 main()函数。这样进一步说明了 main()函数的括号里面是有内容的，是有参数要传递给系统的。

main()函数大致有以下几种写法：

```
01 main()
02 int main()
03 int main(void)
04 int main(int, char**)
05 int main(int, char*[])
06 int main(int argc, char **argv)
07 int main(int argc, char *argv[])
08 int main( int argc, char *argv[], char*envp[])
09 void main(void)
```

其中，第 03 行是 C 语言的 main()函数的正确写法，第 01 行和第 02 行都是第 03 行的简写形式，第 04 行和第 05 行是不用参数的写法，有些编译器中会给出警告，但是不是语法错误，所以可以编译运行。第 06 行和第 07 行是带参数的写法形式，都是可行的。第 08 行这种写法很少见，第 09 行这种写法在嵌入式系统中很常见。

7.4 实战：把飞机游戏封装起来

学习完 C 语言的函数，现在可以尝试用函数来“封装”我们的飞机游戏，使代码变得更加简洁，以便于阅读和维护。在这里仅仅提供思路，代码的编写还需要读者自己尝试。

首先可以用一个自定义的函数（例如 begin()）来初始化函数，初始化内容包括游戏界面尺寸、飞机坐标、子弹坐标以及敌机坐标等，然后用一个永久循环函数 while(1)来使界面一直刷新直到游戏结束。

可以设置一个用户函数来存储玩家变量，用显示函数来存储界面情况，用一个恒定函数来存储与玩家无关的变量。

也可以凭借自己的思路更改代码，思考哪些地方可以用函数来更改，比如有些地方代码是重复的，就可以用函数代替其中的代码，使其变得更加简洁。

还有就是可以使用全局变量代替 main()函数中的局部变量，这样读者在声明的函数中也可以使用全局变量，而不用使用函数的返回功能，直接在函数中修改就行。

示例 7.6 是程序框架。

【示例 7.6】

```
01 #include<stdio.h>
02 #include<stdlib.h>
03 #include<time.h>
04 void begin()                          // 数据的初始化函数
05 {
06 }
07 void withoutplayer()                  // 与玩家无关的函数
08 {
09 }
10 void withplayer()                     // 与玩家有关的函数
11 {
12 }
13 void show()                           // 界面显示函数
14 {
15 }
16 void main()
17 {
18     begin();
19     while(1)
20     {
```

```
21            withoutplayer();
22            withplayer();
23            show();
24        }
25    }
```

这就是游戏框架，主函数 main 只有短短 10 行代码，大大增强了可阅读性，也增加了后期维护的便捷性。

现在把相应的飞机游戏代码装入函数，参见示例 7.7。

【示例 7.7】

```
01 #include<stdio.h>
02 #include<stdlib.h>
03 #include<time.h>
04 #include<conio.h>
05 int i,j;
06 int x=10;
07 int y=8;
08 char c;
09 int k=0;
10 int number=5;
11 int arm=0;
12 int l=0;                        // 判断是否需要更改敌机的位置，0为不更改，1为更改
13 void begin()
14 {
15     srand((unsigned)time( NULL ) );
16 }
17 void withoutplayer()
18 {
19     system("cls");
20
21     if(l==1)                        // 等于1的时候更改敌机的位置
22     {
23         number=rand()%10;           // 产生一个0～10的随机整数
24         l=0;
25     }
26
27     if(arm==0)
28     {
29         for(i=0;i<number;i++)
30             printf(" ");
31         printf("$\n");
32     }
```

```
33
34
35      if(k==0)
36      {
37          for(i=0;i<x;i++)
38              printf("\n");
39      }
40      if(k==1)
41      {
42          for(i=0;i<x;i++)
43          {
44              for(j=0;j<y;j++)
45                  printf(" ");
46              printf("|\n");
47          }
48          k=0;
49          if(number==j)
50          {
51              arm=0;                          // 由于始终会显示敌机，因此设置为0
52              l=1;                            // 击中敌机的时候，更改敌机位置
53          }
54
55      }
56      for(j=0;j<y;j++)
57      printf(" ");
58
59      printf("@\n");
60
61
62
63  }
64  void withplayer()
65  {
66      c=getch();
67      if(c=='w')
68          x--;
69      if(c=='s')
70          x++;
71      if(c=='a')
72          y--;
73      if(c=='d')
74          y++;
75      if(c==' ')
```

```
76          k=1;
77
78  }
79  void show()
80  {
81  }
82  void main()
83  {
84      begin();
85      while(1)
86      {
87          withoutplayer();
88          withplayer();
89          show();
90      }
91  }
```

7.5 二级 C 语言真题练习

（1）以下叙述中不正确的是（D）。

A　在不同的函数中可以使用相同名字的变量

B　函数中的形式参数是局部变量

C　在一个函数内声明的变量只在本函数范围内有效

D　在一个函数的复合语句中声明的变量只在本函数范围内有效

（2）以下关于 C 语言函数参数传递方式的叙述正确的是（A）。

A　数据只能从实参单向传递给形参

B　数据可以在实参和形参之间双向传递

C　数据只能从形参单向传递给实参

D　C 语言的函数参数既可以从实参单向传递给形参，也可以在实参和形参之间双向传递，可视情况选择使用

（3）关于 C 语言函数说明的位置，以下叙述正确的是（A）。

A　在函数说明之后调用该函数，编译时不会出现错误信息

B　函数说明可以出现在源程序的任意位置，在程序的所有位置对该函数的调用，编译时都不会出现错误信息

C　函数说明只能出现在源程序的开头位置，否则编译时会出现错误信息

D　函数说明只是为了美观和编译时检查参数类型是否一致，可以写，也可以不写

（4）以下叙述中正确的是（D）。

A 如果函数带有参数，就不能调用自己
B 所有函数均不能接收函数名作为实参传入
C 函数体中的语句不能出现对自己的调用
D 函数名代表该函数的入口地址

（5）以下叙述中正确的是（B）。

A 任何情况下都不能用函数名作为实参
B 函数既可以直接调用自己，又可以间接调用自己
C 函数的递归调用不需要额外开销，所以效率很高
D 简单递归不需要明确地结束递归的条件

第 8 章

◀ 数　　组 ▶

学习任何语言都要循序渐进，当学习者还没有充分掌握基础语法知识的阶段就了解数组概念是很不明智的选择。就和小孩学步一样，还没有学会爬，就想着跑，这必然违背自然道理。所以本章才开始介绍数组。

本章主要内容：

- 了解数组的概念
- 熟练掌握一维数组和二维数组的用法
- 学会质数的算法

8.1 什么是数组

学习本章之后，读者编写飞机游戏就更加简单了，不必用 "\n" 来换行，也不用空格来输出飞机游戏前面的空白。我们使用数组来搞定这一切，有了数组就可以直接定义游戏界面尺寸大小，使飞机游戏的代码更加简洁。

现在介绍数组的使用方法，假如需要编写一个计算平均数的程序，但不是有两个数据，而是很多个数据，并且还不是系统给定的数据，而是用户输入的数据，也就是说，用户输入一组数据，程序计算其平均值，这该怎么办呢？

运用以前的知识，我们可以先设置很多变量，然后用这些变量存储用户输入的数据，最后计算平均数。

但是这种写法有一个很大的问题，我们怎么知道用户会输入多少数据呢？如果输入 1000 个甚至更多个，怎么办呢？总不能声明 1000 多个变量吧？

其实解决这个问题很简单，只要学习了数组，就可以轻松应对了。

下面通过示例 8.1 演示数组的用法。

【示例 8.1】

```
01  #include<stdio.h>
02  #include<stdlib.h>
03
```

```
04  void main(void)
05  {
06      int read[100];          // 声明 read 数组
07      int i=0;
08      int  x;
09      int a=0;
10      scanf("%d",&x);         // 初次输入
11      while(x!=-1)            // 判断输入的是不是-1，-1表示结束
12      {
13          read[i]=x;          // 将 x 的值赋给数组 read
14          a+=x;               // 计算所有数据的总和
15          i++;
16          scanf("%d",&x);     // 重复输入
17      }
18
19      printf("平均数是%d",a/i);
20      system("pause");
21  }
```

用这个程序就可以计算用户输入的平均数，其中 read[]就是数组。就如读者所看到的那样，数组也是需要声明的，声明规则如下：

```
类型+变量名称+[元素数量]
```

例如：

```
int read[10]
double read[10]
```

同时，元素数量必须是整数，元素数量可以用数字，但不可以用变量。

例如：

```
int read[light]
```

这里的 light 变量即便声明为整型并赋予了整数数值，也是错误的，这条语句无法通过 C 语言的编译。

我们还是按照以前的方法一步一步地解析这段代码。第 06 行声明了一个名为 read 的数组，后面的第 07~09 行都是在声明相关的变量。第 10 行是一个 scanf()函数，读取用户输入的数值，将其存储到变量 x。第 11~17 行是 while 循环，函数的重点是第 13 行，这是一个赋值函数，将 x 的值赋给数组 read[]。

我们将数组比作一栋大楼，而声明 read[100]代表这个 read 数组有 100 个房间，相应的每个房间都有“门牌号”，不过特殊的是，房间标号不是从 1 开始的，而是从 0 开始的，以此类推，0,1,2,3,4,5,…,99。这就意味着门牌号为 100 的房间不存在，也就意味着 read[100]=x 是错误的代码。不知道读者有没有注意到第 07 行声明 i 变量时将其赋值为 0，而当程序第一次运行至第 13 行时，实际上 read[0]=x。

有没有觉得很奇怪，为什么需要从 0 开始计数，一般人的使用习惯不是从 1 开始计数吗？C 语言是一门有历史沉淀的语言，那个年代的程序员为了编码方便，声明了数组从 0 开始计数，不仅 C 语言如此，很多高级语言都采用这样的计数方式。这间接影响了程序员的思维，程序员也渐渐从 0 开始计数，而且不仅这方面，C 语言对程序员的影响还有很多，当入门编程后，读者会发现自己的思维都与常人不同了，不是变得有多聪明、多厉害，而是大脑运行习惯变了，思维变了。

代码分析完毕，唯一还需注意的是第 16 行，因为用户要不停地输入数值，直到输入-1 结束，所以应将 scanf()函数放入 while 循环内，至于第 15 行的 i++就是将数值存入不同的数组房间，read[0],read[1],read[2],…。

这是数组常用的赋值，还有一种赋值是在数组声明时直接赋值，例如 int read[10]={1,2,3,4};，如果这样写的话，就是为数组前 4 个单元赋值，后面的 6 个单元自动补 0：

```
read[0]=1;
read[1]=2;
read[2]=3;
read[3]=4;
```

C 语言会自动为后面的房间赋值为 0：

```
read[4]=0;
read[5]=0;
read[6]=0;
read[7]=0;
read[8]=0;
read[9]=0;
```

同时还可以这样写：int read[]={1,2,3,4};，不写房间个数，让 C 语言自己去数也行。这样，数组就只有 4 个房间，分别对应 read[0],read[1], read[2], read[3]。

若想给数组的所有值都赋值为 0，可以这样写：int read[10]={0}，这样就把数组中所有房间都初始化为 0 了。

以上是数组的基本知识点。常见的数组为一维数组和二维数组，其中二维数组将在 8.4 节介绍。

重点掌握数组的表示范围，这是初学者容易犯的错误，例如 int read[100]声明了一个类型为整型、名称为 read 的变量，其中有 100 个单元用来存储数据，也就是说这个数组可以容纳 100 个数据。

切记：read[100]是不存在的，因为计数是从 0 开始计数的，不是我们习惯的从 1 开始计数，所以如果要与数组比较，那么一定不要写成 a<read[100]。

8.2 一维数组的使用

前面提到数组有一维和二维之分，本节讲解一维数组的用法。一维数组可以用来干什么呢？一维数组是一栋楼，里面的房间数量可以自己定，我们只需要知道一维数组可以存储很多数据就行了，当需要运用大量数据的时候，可以考虑用一维数组。

一维数组能用的地方实在太多了，只要数据有确定的类型，有一定的数量，都可以使用一维数组。例如，使用在员工的名字登记、班级人数的统计、数据的采集等方面。

一维数组的使用大多针对同一类型的数据。比如我们要记录全班人的名字，数据类型就只有一种，那就是名字，这个时候就可以用一维数组来解决问题。同时，一维数组有一个很经典的例子，就是 C 语言考试经常遇到的质数问题。质数在第 5 章讲过，可以用数组来改进质数的代码。

下一节讲解质数的知识点。

8.3 数组的例子：质数

质数的概念这里就不多说了，还记得以前没有学数组的时候，只能判断一个数据是不是质数，但是在程序的平常应用中，我们可以判断一组数据是不是质数，而不是一个。

如果数据不是来自计算机产生的结果，而是来自用户输入的数据，这时候该怎么办？可以用一维数组存储数据，然后用 for 循环来循环一遍数组，再用一个循环来判断数组中的数据是不是质数，详细代码参见示例 8.2。

【示例 8.2】

```
01  #include<stdio.h>
02  #include<stdlib.h>
03
04  void main(void)
05  {
06      int read[10];                 // 声明相关变量
07      int x=0;
08      int i=0;
09      int b=2;
10      int c=0;
11      while(x!=-1)                  // 采集用户输入的数据
12      {
13          scanf("%d",&x);
14          read[i]=x;
```

```
15          i++;
16      }
17      for(i=0;i<=10;i++)        // 对数组中的数据一一进行辨别
18      {
19          if(read[i]==2)
20          {
21              printf("%d 是质数",read[i]);
22              continue;
23          }
24          if(read[i]==1)
25          {
26              printf("%d 不是质数",read[i]);
27              continue;
28          }
29
30          for(b=2;b<read[i];b++)
31          {
32
33              if(read[i]%b==0)
34                  c=1;break;
35
36          }
37          if(c==0)
38              printf("%d 是质数\n",read[i]);
39          else
40               printf("%d 不是质数\n",read[i]);
41          c=0;
42      }
43
44      system("pause");
45  }
```

这个例子只能同时分辨 10 个整数是不是质数。这段代码中包含了逻辑错误。首先，-1 是用户输入结束的标志，但是这段代码会将-1 赋值进入数组；其次，声明了有 10 个房间的数组，但是用户输入的数据不一定恰好就是 10 个，有可能是 5 个、6 个或者更少。用户输入的数据量少于我们设置的数据量时，程序不会出现大问题，但是反过来看，用户输入的数据量大于我们设定的数据量时，程序就会出大问题。

第一种情况意味着有些“房间没有赋值”，房间里面是空的吗？当然不是，房间里面有很多东西，而且很乱。因为内存总是在运行很多东西，无时无刻不在产生垃圾，这些垃圾有可能就会跑进数组的房间中。所以当你逐个扫描这些房间时，会“看到”很多意想不到的东西。

第二种情况就要严峻得多，因为这会导致程序崩溃。解决办法有很多，一种是针对计算机，另一种是针对用户。如果针对计算机的话，那么可以尽可能地加大数组的容量，防止用户输入过多的数据；如果针对用户的话，那么可以加一个输出，写明这个程序能判定多少数据，请用户不要输入过多的数据。还有一种写法也可以解决，那就是记下用户输入数据的次数，如果次数等于数组可存储元素个数的上限时，就自动跳出输入循环，以此防止用户输入过多的数据。

前面讲了，-1 是用户输入结束的标志，是不应该存入数组的，那怎么解决这个问题呢？在 while 循环中，将 scanf()函数位置调换到后面即可，也就是用户输入数据后，不是先赋值，而是先判断，如果用户输入的数值为-1，那么直接跳出输入循环，进入判断质数的循环。

其实-1 即使被存入数组也没关系，只需加上一个判断语句即可正常运行，if(read[i] == -1)这行代码就可以用来判断接下来的数据是不是-1，也就是判断是不是数组的末尾。

循环一开始判断这个房间的数值是不是-1，如果不是，就说明数组还有数据需要判断是否为质数，这样就继续下一步。

相反，若当前房间的数值等于-1，则说明到了数组的末尾，数组中的数据已经判断完了，可以跳出循环。

这便是 C 语言中一维数组使用时的注意事项以及相关用法。一维数组在平时的程序编写中不一定每次都用到，但是在考试中倒是挺常见的。C 语言上机考试一维数组可以说是常客，并且用一维数组筛查质数的用法是很常见的考题。读者只要稍加练习，基本就可以掌握。

8.4 二维数组

本节开始介绍二维数组，前面的一维数组我们大致了解到是一栋存储数据的大楼，里面有很多房间，每个房间都有门牌号，里面对应着用户唯一的数据。那么二维数组呢？将一维数组比作一条线的话，那么二维数组就是一个面，一维数组只有长度，二维数组有长度和宽度。也就意味着要多一个元素格子，例如 read[][]。

所以一维数组是一栋楼，而二维数组是一个小区。它包含很多栋楼，而每栋楼都有很多房间。

如果声明一个二维数组 read[5][5]，它的房间就是图 8.1 这个样子的。

由图 8.1 可知，二维数组由行和列组成。这种结构像不像坐标轴？只不过这个坐标轴很特别，至于为什么特别，过一会儿揭晓。

图 8.1 read[5][5]

二维数组 read[5][5]每一行和每一列都有 5 个房间，当然，声明二维数组不一定必须得是“正方形”，比如 read[50][100]和 read[100][50]都行。但是，重点来了，读者猜猜左上角第一个房间对应的是数组中的哪个门牌号，应该很容易猜到吧？就是 read[0][0]，这和一维数组一样，都是采用从 0 开始计数的方式。

那么第一行第二个呢？答案是 read[0][1]，所以第一个“[]”代表的是行，第二个“[]”代表的是列。

二维数组有什么用呢？可以用在哪些地方呢？二维数组的功能太强大了，上面将二维数组比作一个面，一维数组比作一条线，也就意味着二维数组可以表达“界面”，比如游戏界面的初始化，也可以用来制作表格，比如学生登记表，行是名字，列是姓名，等等。如果学过矩阵，那么用二维数组来表达矩阵就很合适。

只不过二维数组用来初始化界面的方式有点特殊，它不是传统上的 x、y 轴，而是反着的，比如二维数组写成这样：black[x][y]，x 和 y 代表坐标轴，但是这个坐标轴是反向的，如图 8.2 所示。

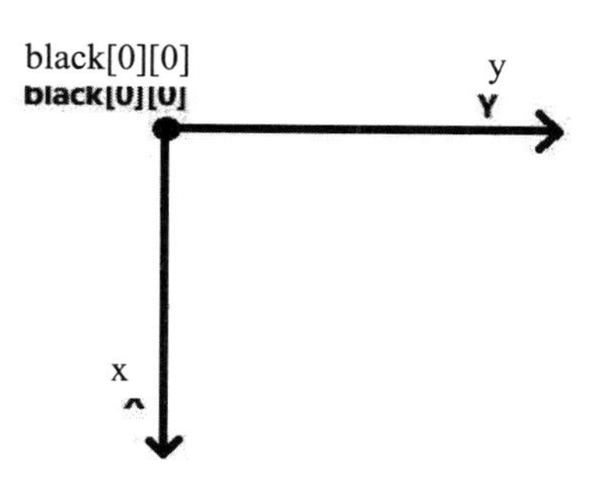

图 8.2　坐标轴

由图 8.2 可知，坐标原点位于左上角，而 x 轴是纵轴，y 轴是横轴。这就与数学中的坐标轴完全相反。

之前所说的二维数组特别的地方，在于这个坐标轴是与平常生活中的坐标轴完全相反的，其实只需记住二维数组的特性就行，第一个方括号“[]”决定有多少行，也就是行数；而第二个方括号“[]”决定有多少列，也就是列数。

那么，怎么给二维数组赋值，又怎么输出呢？

首先可以用一行代码将二维数组中的房间全部初始化为零。

这就是 int read[10][10]={0};。

然后用两个循环的嵌套来遍历二维数组即可，参见示例 8.3。

【示例 8.3】

```
01 #include<stdio.h>
02 #include<stdlib.h>
03
04 void main(void)
05 {
06     int read[10][10]={0};
07     int i,j;
08     for(i=0;i<10;i++)
09     {
10         for(j=0;j<10;j++)
11         {
12             printf("%d\n",read[i][j]);
13         }
14     }
```

```
15      system("pause");
16  }
```

这就是常用的二维数组的输出。

二维数组的赋值也是这个原理，和一维数组相比，二维数组多了一个循环，这也是二维数组的一个难点。循环的跳出条件：i<10 和 j<10，还记得为什么不是 i<=10 和 i<=10 吗？因为计算机是从零开始计数的，read[10][10]这个房间号是不存在的。

8.5 实战：开发贪吃蛇小游戏

贪吃蛇这个游戏应该都玩过吧，本章就开发一个贪吃蛇游戏。这一次使用数组就好编写多了。首先通过声明一个二维数组来定义一个画布尺寸，例如 black[150][100]。本例定义了一个长方形的画布，其效果如图 8.3 所示。

这就是界面大小的示意图，同时还要将数组 black 初始化为 0，也就是用 black[0][0]={0}这行代码。

同时规定：0 不输出任何东西，1 输出蛇头，2 输出蛇身，3 输出蛇尾，-2 输出果实。现在基本定义就完成了，但是这段代码还不够完善，因为是在终端上执行游戏的，界面黑乎乎的一团，我们还需要定义画布的边界，不然玩家怎么知道自己有没有撞上边界，所以我们定义-1 输出边界即可，如图 8.4 所示。

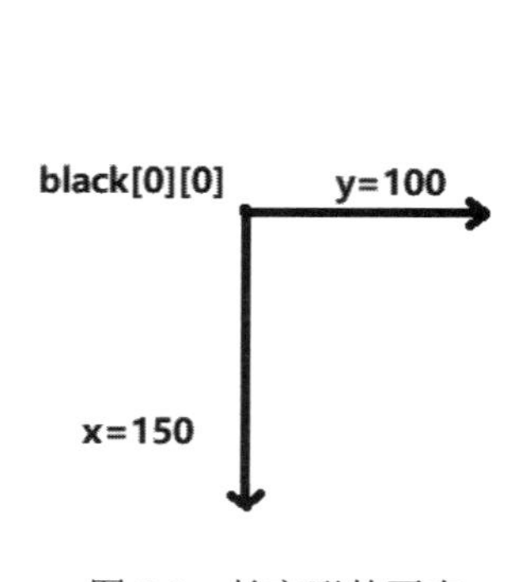

图 8.3 长方形的画布

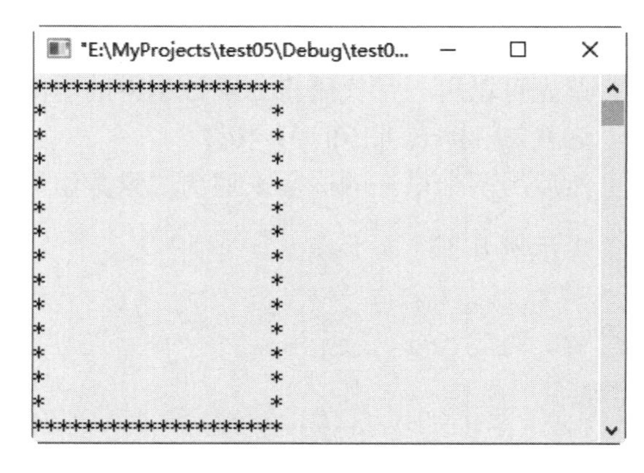

图 8.4 界面效果

这个界面尺寸是 15×20 的，可以根据自己的喜好来更改界面的尺寸大小。用以下代码实现图中效果，参见示例 8.4。

【示例 8.4】

```
01  int a;
02  int b;
03  int read[15][20]={0};    // 声明用于界面的二维数组，初始化为0
04  for(a=0;a<20;a++)        // 给上下边界赋值
```

```
05 {
06     read[0][a]=-1;
07     read[14][a]=-1;
08 }
09 for(a=0;a<15;a++)        // 给左右边界赋值
10 {
11     read[a][0]=-1;
12     read[a][19]=-1;
13 }
14 for(a=0;a<15;a++)        // 遍历函数，-1输出边界*，0输出空格
15 {
16     for(b=0;b<20;b++)
17     {
18         if(read[a][b]==-1)
19             printf("*");
20         if(read[a][b]==0)
21             printf(" ");
22     }                    // 循环完一行后记得回车换行
23     printf("\n");
24 }
```

确立完界面尺寸后，就要考虑小蛇的输出了，可以用@代表蛇头，0 代表蛇身，将其蛇头初始化在画布中间，蛇身有 4 个 0。同时，要用随机函数实现果实的随机出现，以上效果相信读者都知道该怎么实现。重点是怎么实现小蛇吃了一个果实后，身体增长一节的效果。

实现这个效果方法有很多，笔者采用的是延迟法。具体来说，就是当小蛇吃了一个果实后，尾巴就“暂停”移动，但是蛇头还在移动，当蛇头移动一个循环后，蛇尾才继续移动。这样在不知不觉中，蛇身就增长了一节。

小蛇的移动可以用逐行扫描来实现，也就是说，假如小蛇向右移动，我们扫描到蛇头的坐标 black[x][y]，就将 black[x][y+1]对应的坐标点设置为 1，而原坐标 black[x][y]设置为 2，同时还需要找到蛇尾，也就是对应的数据为 3 的坐标点，然后将其右边的坐标加 1，设置为新蛇尾，同时将原蛇尾设置为 0 即可。

现在读者知道贪吃蛇的核心算法就好，有兴趣可以尝试将其编写出来，虽然不是一个很难的游戏，但是这都是自己努力的成果。

最后提醒一下，当小蛇吃了果实后，除了身体增长外，还应该立刻出现另一个果实，还有就是当蛇头遇到蛇身或者边界时，游戏结束。

截至目前，我们所有得到的小游戏和程序都是在黑乎乎的界面完成的，界面实在是太简陋了，第 9 章即将学习一个函数库——EasyX，使用该函数可以让界面丰富起来，编写游戏真正拥有彩色，观赏性也会大大增加。

8.6 二级 C 语言真题练习

（1）设有声明：int a[10]={0,1,2,3,4,5,6,7,8,9}*P=a,I;，若 0≤i≤9，则对 a 数组元素的引用错误的是（A）。

A a[10]　　B *&a[i])　　C P[i]　　D a[P-a]

（2）以下叙述中正确的是（B）。

A 一条语句只能声明一个数组
B 每个数组包含一组具有同一类型的变量，这些变量在内存中占有连续的存储单元
C 数组说明符的一对方括号中只能使用整型常量，而不能使用表达式
D 在引用数组元素时，下标表达式可以使用浮点数

（3）以下叙述中正确的是（D）。

A 数组下标的下限是 1
B 数组下标的下限由数组中第一个非零元素的位置决定
C 数组下标的下限由数组中第一个被赋值元素的位置决定
D char el,c2,*c3,c4[40];是合法的变量声明语句

（4）以下叙述中正确的是（D）。

A 语句 int a[4][3]={{1,2},{4,5}};是错误的初始化形式
B 语句 int a[4][3]={1,2,4,5};是错误的初始化形式
C 语句 int a[][3]={1,2,4,5};是错误的初始化形式
D 在逻辑上，可以把二维数组看成是一个具有行和列的表格或矩阵

（5）设有声明：int x[2][3]; 则以下关于二维数组 X 的叙述错误的是（C）。

A 元素 x[0]可看作是由 3 个整型元素组成的一维数组
B 数组 x 可以看作是由 X[0]和 X[1]两个元素组成的一维数组
C 可以用 x[0]=0;的形式为数组所有元素赋初值 0
D x[0]和 x[1]是数组名，分别代表一个地址常量

第 9 章

一个有意思的C语言函数库——EasyX

在进阶 C 语言的过程中，有一个问题一直困扰着笔者。笔者很喜欢打游戏，曾经也编写过很多小游戏，虽然基本可以实现娱乐需求，但是界面始终是黑乎乎的终端界面，里面的元素也只是@、#、￥、$、%、……、&、*等字符，就像前面几章的飞机游戏一样，用“@”代表飞机，用“|”代表子弹，用“*”代表敌机。这种游戏恐怕没有多少人会喜欢玩吧？那读者喜欢玩的游戏都是什么样的呢？虽然不能像 DOTA 或者英雄联盟那样炫丽，但是总得有声音、颜色和动作吧？

学习本章后，就有能力写出声色俱全的游戏了。正是由于 EasyX 函数库的存在，因此打开了 C 语言初学者通往新世界的大门。

本章主要内容：

- EasyX 函数库的安装
- 用 EasyX 画线条
- 用 EasyX 画圆
- 用 EasyX 调用图片
- 用 EasyX 调用背景音乐

9.1 EasyX 简介

前面所做的游戏都是在一个黑黑的窗口运行的，这类游戏的观赏性太低，虽然是自己一行一行代码编写出来的，但是不得不承认很无趣，因为缺失了重要的元素——颜色。所以，本节的重点横空出世——EasyX，一个 C 语言的函数库。

登录 EasyX 官网就可以下载安装这个函数库，官网界面如图 9.1 所示。

有了这个函数库，自己做的游戏不仅有了颜色，而且还可以添加图片作为游戏背景，简直太强大了。

与其说是 EasyX 函数库，不如说是图形库，利用 EasyX 可以快速画出各种各样的图形，而且内置的图形函数十分便利，利于初学者的学习。笔者以前利用这个图形库编写游戏实现了流畅的动画效果，如图 9.2 所示。

图 9.1　EasyX 官网

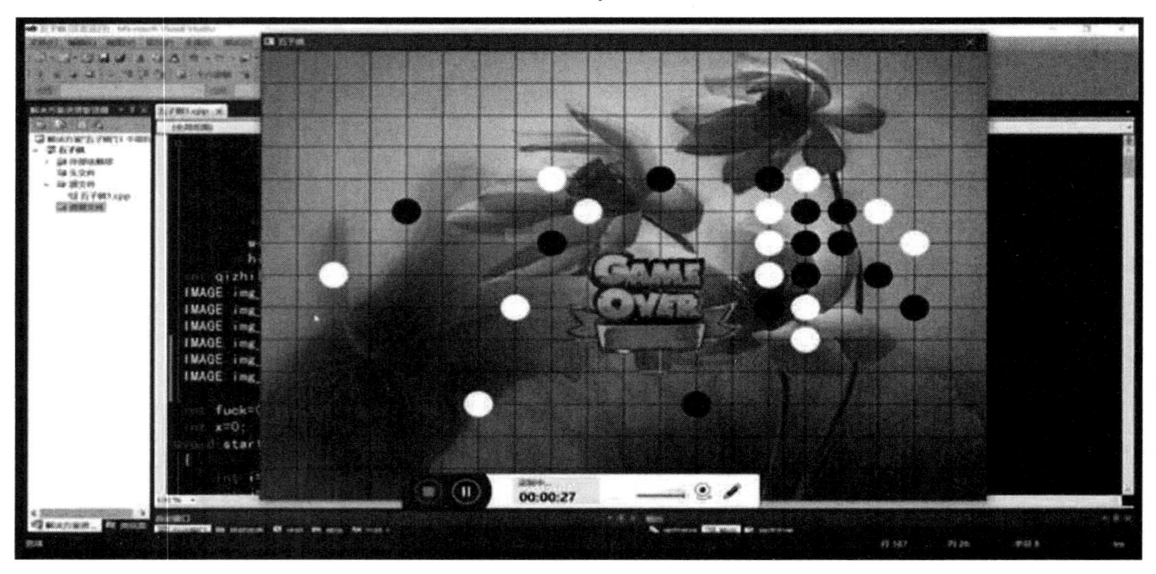

图 9.2　五子棋游戏

EasyX 是一款完全免费的软件，从 2008 年开始就提供免费的服务，真是很欣赏这样一个了不起的团队。同时，官网上还有很多科普文章，有兴趣的读者可以去看看，同时有条件的读者可以去支持这个团队。

9.2 EasyX 的安装和运行

只需登录官网，单击右边的下载按钮，然后选择与自己编译器相适配的版本即可，这里选择 Visual Studio 2010。等安装好后，桌面会出现名为 EasyX_Help 的快捷方式，如图 9.3 所示。双击它可以查看有关 EasyX 的使用说明，以及很多图形函数的使用方法和头文件的使用等，如图 9.4 所示。

图 9.3　EasyX_Help 的桌面快捷方式

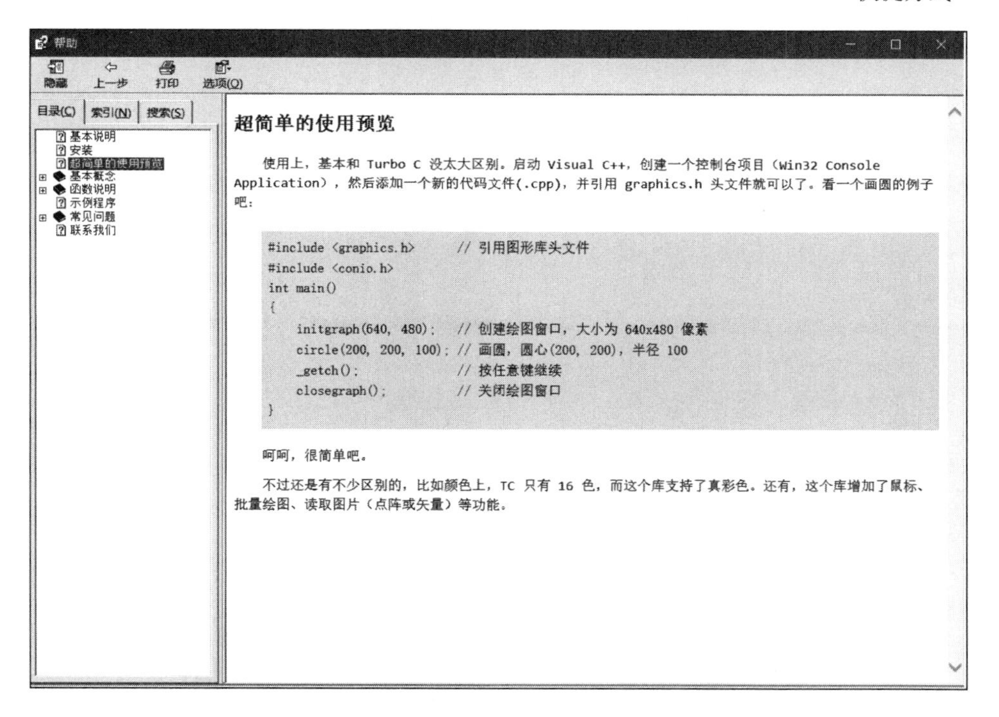

图 9.4　“帮助”界面

9.3 用 EasyX 画线条

怎么使用 EasyX 画一条直线呢？首先新建一个 Win32 控制台应用程序，然后选择空项目，最后在源文件中添加文档，文档的后缀名为.cpp，如图 9.5 所示。

需要测试 EasyX 是否安装成功，输入示例 9.1 所示的测试代码，是一个简单的画圆小程序。

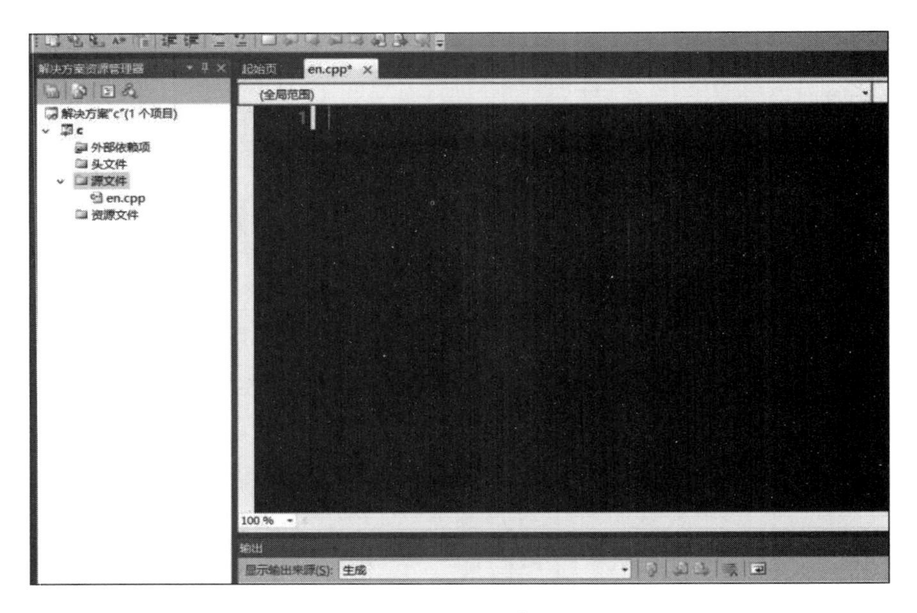

图 9.5 .cpp 项目

【示例 9.1】

```
01  #include <graphics.h>      // 包含图形库头文件
02  #include <conio.h>
03  int main()
04  {
05      initgraph(640, 480);    // 创建绘图窗口，大小为 640×480 像素
06      circle(200, 200, 100); // 画圆，圆心(200,200)，半径100
07      _getch();               // 按任意键继续
08      closegraph();           // 关闭绘图窗口
09  }
```

如果 EasyX 安装成功，将会出现如图 9.6 所示的界面。

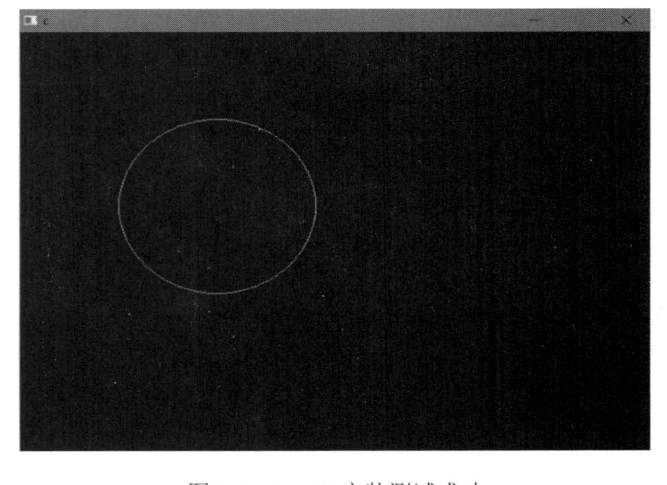

图 9.6 EasyX 安装测试成功

现在逐行分析代码：

```
01 #include <graphics.h>       // 包含图形库头文件
```

为了使用 EasyX 函数库，就得包含 graphics.h 头文件。

```
02 #include <conio.h>
```

这个头文件是用于包含_getch()这类函数的，可以不必太在意。

```
05    initgraph(640, 480);
```

这个函数是基础的初始化窗口函数，可以画一个长为640像素、宽为480像素的绘图窗口，其在“帮助”文档中的解释如图 9.7 所示。有了这个函数，就可以确定绘图窗口的大小了。

```
06    circle(200, 200, 100); // 画圆，圆心(200,200)，半径 100
```

图 9.7　initgraph 的解释

这行代码后是一个画圆的函数，以坐标（200,200）为圆心，画一个半径为 100 像素点的圆。其在“帮助”文档中的解释如图 9.8 所示。

这是一个简单的空心圆，在 EasyX 中还有填充圆、椭圆以及清空圆形区域等函数。

```
08    closegraph();             // 关闭绘图窗口
```

这一行代码可以关闭绘图窗口，我们用 initgraph 绘制了一个画图窗口后，必须关闭窗口才行。

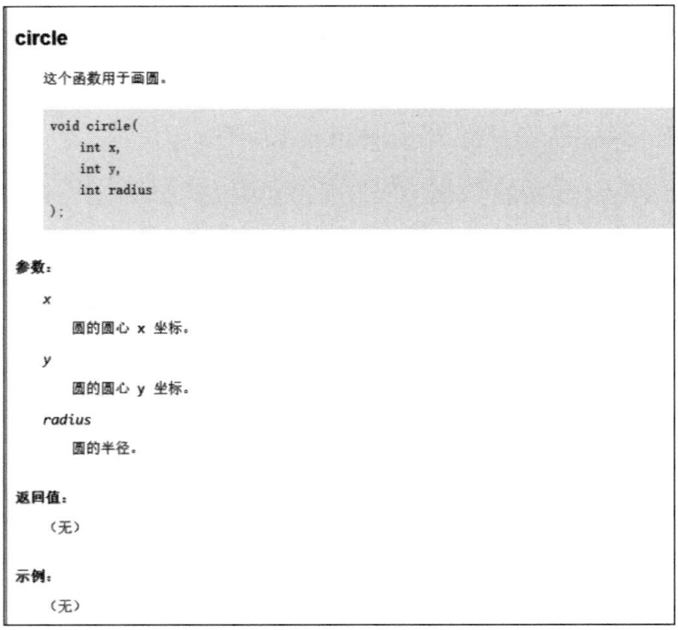

circle

这个函数用于画圆。

```
void circle(
    int x,
    int y,
    int radius
);
```

参数：

x

圆的圆心 x 坐标。

y

圆的圆心 y 坐标。

radius

圆的半径。

返回值：

（无）

示例：

（无）

图 9.8　circle()函数的解释

现在回到本节的知识点，怎么画线条呢？在“帮助”文档中有一个 line()函数，其格式如图 9.9 所示。

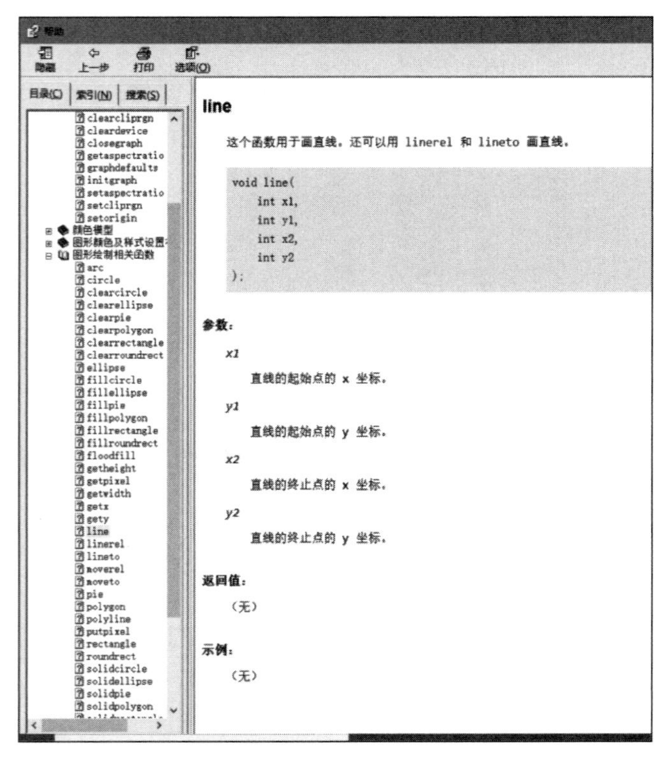

图 9.9　直线函数 line()的解释

根据以上 line()函数的特点可以画一条简单的直线，给示例 9.1 中的圆添加一条半径。

首先应当确定直线的起始坐标，就用圆的圆心坐标（200, 200），由于圆的半径是 100，因此直线的终点坐标应该是（300, 200）。总结下来就是：只需要加上 line（200, 200, 300, 200）这行代码即可。

运行结果如图 9.10 所示。

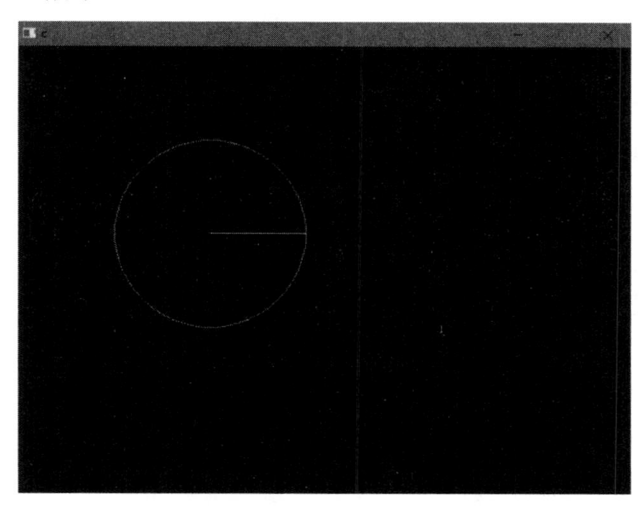

图 9.10　半径

对于 EasyX 来说，绘图窗口的设置规定是横轴为 x、纵轴为 y，不过零点坐标还是在左上角，与数组的声明不同之处在于横轴和纵轴的定义。

比如现在要画很多线条，组成一个棋盘，每个线条之间相差 50 像素点，还是利用示例 9.1 的例子来演示。首先要画很多线条最好用循环，而且这个循环最好是 for 循环。现在来看看示例 9.2。

【示例 9.2】

```
01 #include <graphics.h>              // 包含图形库头文件
02 #include <conio.h>
03  int main()
04  {
05     initgraph(640, 480);          // 创建绘图窗口，大小为 640×480 像素
06     circle(200, 200, 100);        // 画圆，圆心(200,200)，半径 100
07     int a;
08     for(a=0;a<480;a+=50)          // 画横线
09     {
10         line(0,a,640,a);
11     }
12     for(a=0;a<640;a+=50)          // 画纵线
13     {
14         line(a,0,a,480);
```

```
15      }
16      getch();                          // 按任意键继续
17      closegraph();                     // 关闭绘图窗口
18
19  }
```

这段代码的运行结果就是一个棋盘，由于采用的是示例9.1的代码，因此中间还有一个圆。运行结果如图 9.11 所示。

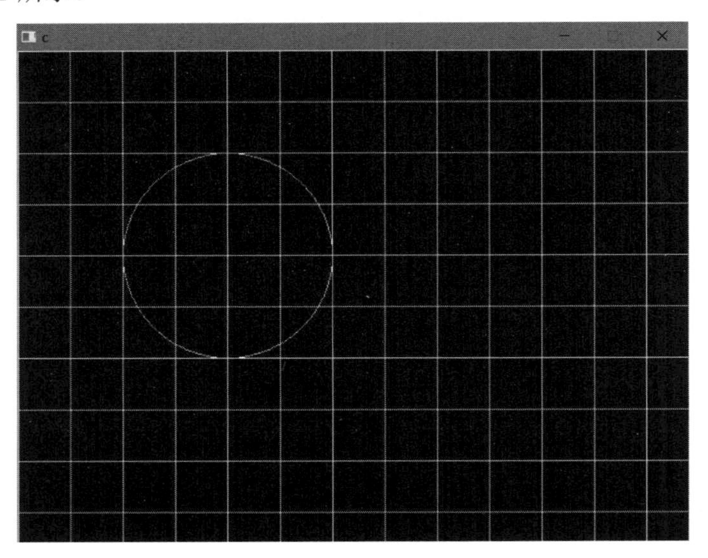

图 9.11　棋盘

因为我们知道循环变量的界限，所以可以采用 for 循环的方法来控制这个程序。先画横线，再画纵线，同时每条线之间相差 50 个像素点。

这样，一个简易的棋盘就完成了。

9.4 用 EasyX 美化你的游戏

现在，已经安装好 EasyX，正式开始美化我们的游戏吧。前面写过一个飞机的游戏，那个时候的飞机还仅仅是一个“@”，敌机居然还是一个“*”，这叫人怎么提得起兴趣玩呢？现在开始更改它。

首先将飞机简单设置为一个圆，至于是什么颜色，半径是多少，这个自己决定，然后子弹可以更改为比飞机小得多的圆，至于敌机可以设置成很多形状，但是为了方便，还是设置成圆比较好。下面是一个飞机游戏的源代码，这是笔者早期学习 C 语言的时候编写的，所以有些代码不够简洁，仅供参考。

示例 9.3 是改版后的飞机游戏。

【示例 9.3】

```
01 #include<stdio.h>
02 #include<math.h>
03 #include<windows.h>
04 #pragma comment(lib,"winmm.lib")
05 #include <graphics.h>
06 #include <conio.h>
07 IMAGE img_back;                          // 设置背景图片
08 IMAGE img_air;                           // 飞机图片
09 IMAGE img_airbk;
10
11 #define width 500
12 #define high 700
13
14 int position_x,position_y;               // 飞机坐标
15 int bull_x,bull_y;                       // 子弹坐标
16 int enemy_x,enemy_y;                     // 敌机坐标
17
18 void startup(){
19     PlaySound(TEXT("C:\\game\\Approaching Nirvana - You.wav"),
              NULL, SND_ASYNC |
20 SND_NODEFAULT);
21     initgraph(width,high);
22     loadimage(&img_back,L"C:\\game\\636607142034007829.jpg");
23     loadimage(&img_air,L"C:\\game\\air.jpg");
24     loadimage(&img_airbk,L"C:\\game\\airbk1.jpg");
25     position_x=width/2;
26     position_y=high/2;
27     bull_x=0;
28     bull_y=0;
29     enemy_x=width/2;
30     enemy_y=0;
31
32
33
34 }
35
36 void show()
37
38 {
39     BeginBatchDraw();
40
```

```
41      setfillcolor(RED);
42      solidcircle(bull_x,bull_y,10);
43      setfillcolor(GREEN);
44      solidcircle(enemy_x,enemy_y,20);
45
46
47
48      FlushBatchDraw();
49      EndBatchDraw();
50  }
51
52
53  void updatewithoutinput()
54  {
55      if(bull_y>-10)                  // 子弹向上跑
56      bull_y=bull_y-1;
57      if(enemy_y<high)                // 敌机向下跑
58      enemy_y+=1;
59      else
60      {
61          enemy_x=rand()%width;
62          enemy_y=0;
63      }
64      Sleep(10);
65      if(abs(enemy_x-bull_x)+abs(enemy_y-bull_y)<50)
66      {
67          enemy_x=rand()%width;
68          enemy_y=0;
69      }
70      if(abs(enemy_x-position_x)+abs(enemy_y-position_y)<50)
71      {
72          exit(0);
73      }
74  }
75  void updatewithinput()
76  {
77      MOUSEMSG m;
78      while(MouseHit())                   // 检查是否有鼠标消息
79      {
80          m=GetMouseMsg();
81          if(m.uMsg==WM_MOUSEMOVE){
82
83              position_x=m.x;             // 飞机坐标等于鼠标坐标
```

```
84              position_y=m.y;
85          }
86          else if(m.uMsg==WM_LBUTTONDOWN)     // 按下鼠标左键发射子弹
87          {
88              bull_x=position_x+15;
89              bull_y=position_y-50;
90          }
91
92      }
93
94  }
95
96  void gameover()
97  {
98
99
100 }
101
102 void main()
103 {
104     startup();                              // 数据初始化
105
106     while(1)
107     {
108         show();                             // 界面初始化
109         updatewithoutinput();               // 与用户无关的变量
110         updatewithinput();                  // 与用户有关的变量
111
112     }
113
114     getch();
115     closegraph();
116     gameover();
117 }
```

代码太长，看似挺复杂，有很多头文件，可以暂时不用管这些头文件都有什么用，先把这些代码输入到 IDE 中，后面的函数都会用到这些头文件。另外，这个程序包含很多后面章节才讲的内容，有鼠标控制代码，有背景图片，飞机图像自定义，甚至 BGM 都有插入。但是其主要的算法没有改变。在界面初始化函数（第 41~45 行）中，设置了子弹和敌机的样式，飞机的样式是笔者制作的一个掩码图（或称为遮罩图），不是简单的圆（在第 23、24 行引入飞机的样式）。

有没有注意到第 39 行、第 48 行和第 49 行这 3 行代码很奇怪？它们跟界面显示无关，却不能缺少这几个函数，不然界面就会掉帧，也就是俗称的很卡。这几个函数的作用是调动独立显卡，让计算机提前绘制界面图像，防止界面掉帧。要是以后在编写简单游戏时发现界面很卡，可以试一试这个函数。千万不要认为计算机性能好就不需要这个函数，计算机性能好一样会卡，因为这与计算机无关，而与算法关联很大。在“帮助”文档中也有相关的介绍，如图 9.12 所示。

其它函数

相关函数如下：

函数或数据	描述
BeginBatchDraw	开始批量绘图。
EndBatchDraw	结束批量绘制，并执行未完成的绘制任务。
FlushBatchDraw	执行未完成的绘制任务。
GetEasyXVer	获取当前 EasyX 库的版本信息。
GetHWnd	获取绘图窗口句柄。
InputBox	以对话框形式获取用户输入。

图 9.12　防止界面掉帧的说明

关于图形的绘制在“帮助”文档中都有详细的说明，如图 9.13 所示。EasyX 有很多种图形的函数等着去挖掘，这里只是介绍了直线的相关绘制函数，读者还需要自己去练习其他函数，各种绘制函数在“帮助”文档中都有详细的介绍，这里就不过多着墨了。

下面介绍 EasyX 中除绘制函数之外的其他特殊函数，使用了这些函数，游戏才具有一定的观赏性。

图形颜色及样式设置相关函数

相关函数如下：

函数或数据	描述
FILLSTYLE	填充样式对象。
getbkcolor	获取当前绘图背景色。
getbkmode	获取图案填充和文字输出时的背景模式。
getfillcolor	获取当前填充颜色。
getfillstyle	获取当前填充样式。
getlinecolor	获取当前画线颜色。
getlinestyle	获取当前画线样式。
getpolyfillmode	获取当前多边形填充模式。
getrop2	获取前景的二元光栅操作模式。
LINESTYLE	画线样式对象。
setbkcolor	设置当前绘图背景色。
setbkmode	设置图案填充和文字输出时的背景模式。
setfillcolor	设置当前填充颜色。
setfillstyle	设置当前填充样式。
setlinecolor	设置当前画线颜色。
setlinestyle	设置当前画线样式。
setpolyfillmode	设置当前多边形填充模式。
setrop2	设置前景的二元光栅操作模式。

图 9.13　“帮助”文档中关于图形绘制的说明

9.5 用 EasyX 为你的游戏插入背景音乐

有了界面，没有音乐也是挺没劲的，没有音乐的游戏是没有灵魂的。现在学习怎么为游戏插入背景音乐（Background Music，BGM）。

示例 9.3 中：

```
    PlaySound(TEXT("C:\\game\\Approaching Nirvana - You.wav"),NULL, SND_ASYNC |
SND_NODEFAULT);
```

就是插入背景音乐的函数，不过需要注意音乐文件必须是.wav 格式的，也就是波形文件。当然，也有支持 MP4 格式的函数，不过比较复杂，不建议采纳。格式转换器或 AU、PR 都可以将音频文件转换为 WAV 格式。

其中，双引号包括的那一行代码就是音乐的文件地址，至于后面的 NULL 和 SND_ASYNMC | SND_NODEFAULT 都是与音乐播放相关的设置，循环播放或者固定播放多少时间，都是可以设置的。读者可以在“帮助”文档中找到相应的音乐播放函数。

这里强调几点，第一：代码寻找文件的位置要和文件实际存储的位置一致，否则程序无法找到文件，第二：切记文件名必须一致，否则就会播放失败。有时这种 Bug 会让人摸不着头脑，因为编译会通过，只不过没有声音（这也是一种逻辑错误）。

想要制作出复杂的游戏，不仅仅是要有背景游戏，还要有音效，比如敌机爆炸的音效，只要将上述代码放入 if 语句中即可，例如当子弹打中敌机时，即 if 语句判断为真，就执行音效播放程序。

另外，在早期的学习过程中，“帮助”文档帮了很大的忙，里面不仅有函数的解析，还有示例演示函数的用法，这都值得读者去细心研究。

9.6 用 EasyX 调用鼠标

我们平常在 PC 端玩游戏，怎么能不用鼠标呢？EasyX 函数库还具备鼠标函数，有了鼠标，我们玩飞机游戏就不必用 W、A、S、D 键来控制飞机的飞行轨迹了。图 9.14 所示的都是鼠标函数。

在示例 9.3 中同样采用了鼠标的控制方式。

```
75 void updatewithinput()
76 {
77     MOUSEMSG m;
78     while(MouseHit())                              // 检查是否有鼠标消息
79     {
80         m=GetMouseMsg();
```

```
81          if(m.uMsg==WM_MOUSEMOVE){
82
83              position_x=m.x;                     // 飞机坐标等于鼠标坐标
84              position_y=m.y;
85          }
86          else if(m.uMsg==WM_LBUTTONDOWN)      // 按下鼠标左键发射子弹
87          {
88              bull_x=position_x+15;
89              bull_y=position_y-50;
90          }
91
92      }
93
94  }
```

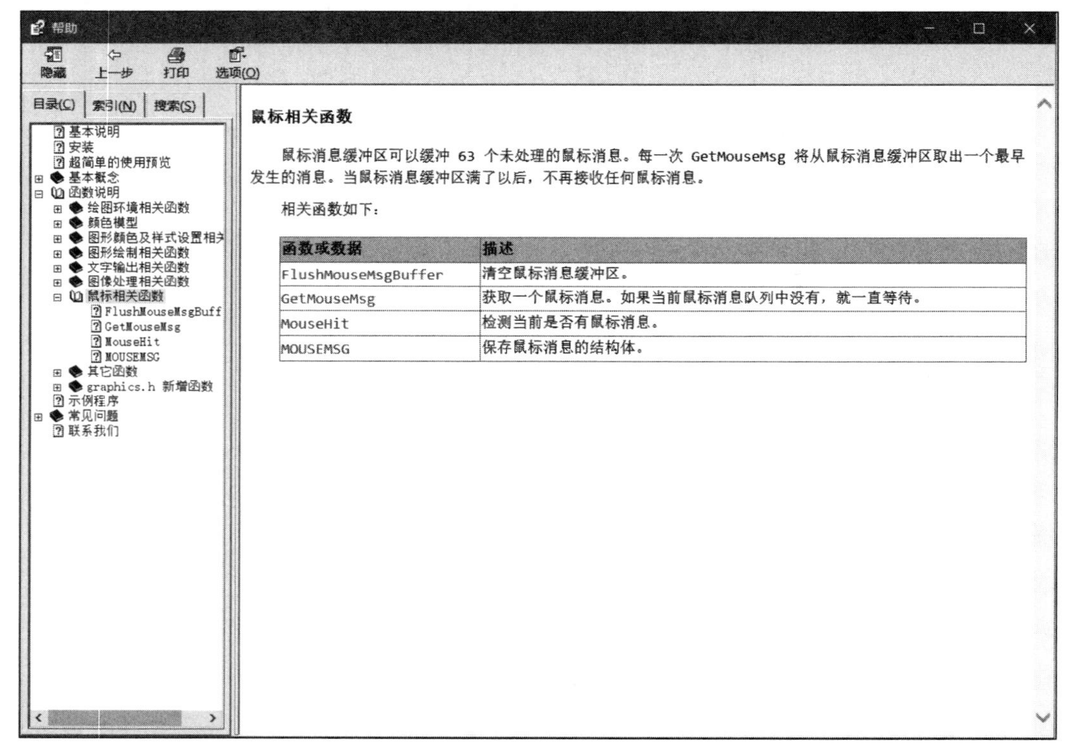

函数或数据	描述
FlushMouseMsgBuffer	清空鼠标消息缓冲区。
GetMouseMsg	获取一个鼠标消息。如果当前鼠标消息队列中没有，就一直等待。
MouseHit	检测当前是否有鼠标消息。
MOUSEMSG	保存鼠标消息的结构体。

图 9.14　鼠标函数

整个 updatewithinput()函数都是与鼠标有关的，首先设置鼠标变量 m，然后判断是否有鼠标消息，如果有，那么飞机坐标等于鼠标坐标。再检测鼠标左键是否有消息，如果有，那么发射子弹。还可以设置右键的功能，笔者当时的飞机游戏只设计了左键发射子弹的功能，读者可以设置一个类似右键发动技能的功能。

从代码可以看出，飞机不是用键盘操控的，而是用鼠标操控的，整个游戏的操作更易上手，玩起来更有滋味！

9.7 图片的插入

利用 EasyX 还可以插入图片，比如可以将一张很好看的图片作为背景图片，同时还可以将一些优质的图片作为游戏的主角，例如将图 9.15 插入游戏中，作为游戏的背景图。将图片存储至 D 盘下的 game 文件夹中，命名为 637005952662265167.jpg，代码见示例 9.4。

【示例 9.4】

```
01 #include <graphics.h>                  // 包含图形库头文件
02 #include <conio.h>
03 int main()
04 {
05     initgraph(436, 600);               // 创建绘图窗口，大小为 640×480 像素
06     circle(200, 200, 100);             // 画圆，圆心(200,200)，半径 100
07     IMAGE img_back;
08     loadimage(&img_back,"D:\\game\\637005952662265167.jpg");
                                          // 载入背景图片
09     putimage(0,0,&img_back );          // 显示胜利图片
10     getch();                           // 按任意键继续
11     closegraph();                      // 关闭绘图窗口
12 }
```

首先，第 07 行用 IMAGE 声明一个存储图片的对象 img_back，用来存储即将载入的图片，然后第 08 行代码将图片载入到对象 img_back 中，紧接着第 09 行绘制图片，括号中的（0, 0）表示在原点所在的像素点进行绘制。输出结果如图 9.16 所示。

图 9.15　待插入的图片

图 9.16　插入后的图片

这样做对于背景图片来说是没有问题的，但是对于有些游戏来说就有点麻烦了，比如在示例 9.4 的基础上修改代码，这次插入一个飞机的图片。

【示例 9.5】

```
01  #include <graphics.h>                    // 包含图形库头文件
02  #include <conio.h>
03  int main()
04  {
05    initgraph(436, 600);                   // 创建绘图窗口，大小为640×480像素
06    circle(200, 200, 100);                 // 画圆，圆心(200,200)，半径100
07     IMAGE img_back;
08     IMAGE img_air;
09     loadimage(&img_back,"D:\\game\\637005952662265167.jpg");
                                             // 载入背景图片
10     loadimage(&img_air,"D:\\game\\637005969676415816.jpg");
                                             // 载入飞机图片
11     putimage(0,0,&img_back );             // 显示背景图片
12     putimage(0,0,&img_air );              // 显示飞机图片
13     getch();                              // 按任意键继续
14     closegraph();                         // 关闭绘图窗口
15  }
```

现在一起来看看效果是怎样的，如图 9.17 所示。

很显然这不是我们要的效果，我们需要的是一个无边框的飞机模型，然而这架飞机旁边有大量留白，该怎么解决呢？

是否可以用 PNG 格式的图片呢？有这个想法说明你对计算机有一定的了解。不过很可惜，EasyX 并不支持 PNG 格式的图片，要想实现飞机周围为透明的效果，用一张掩码图即可，如图 9.18 所示。

图 9.17　插入飞机后的效果

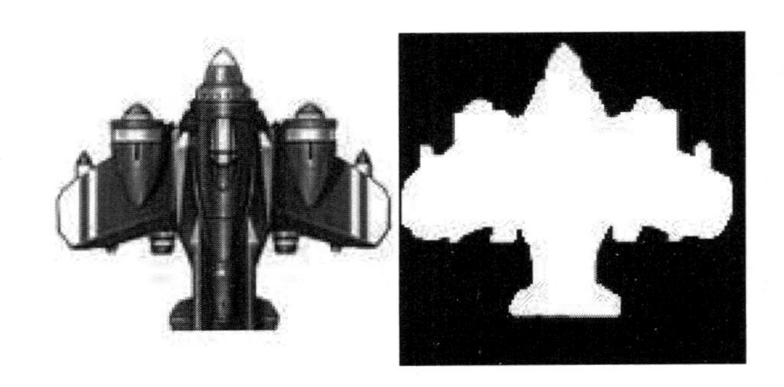

图 9.18　原图和掩码图

有了以上两张图片，就可以实现飞机周围透明的效果了，参见示例 9.6。

【示例 9.6】

```
01  #include <graphics.h>                          // 包含图形库头文件
02  #include <conio.h>
03  int main()
04  {
05      initgraph(436, 600);                       // 创建绘图窗口，大小为640×480像素
06      circle(200, 200, 100);                     // 画圆，圆心(200,200)，半径100
07      IMAGE img_back;
08      IMAGE img_air;
09      IMAGE img_airbk;
10      loadimage(&img_back,"D:\\game\\637005952662265167.jpg");
                                                        // 载入背景图片
11      loadimage(&img_air,"D:\\game\\637005969616.jpg");    // 载入飞机图片
12      loadimage(&img_airbk,"D:\\game\\637005969676415816.jpg");
                                                // 载入飞机掩码图
13      putimage(0,0,&img_back );                // 显示背景图片
14      putimage(0,0,&img_airbk,NOTSRCERASE );   // 显示飞机掩码图片
15      putimage(0,0,&img_air,SRCINVERT );       // 显示飞机图片
16
17      getch();                                 // 按任意键继续
18      closegraph();                            // 关闭绘图窗口
19  }
```

首先将飞机和飞机的掩码图载入，不过重点是先绘制掩码图，后绘制飞机原图，并且在掩码图加上 NOTSRCERASE 进行修饰，飞机原图加上 SRCINVERT 修饰即可。最终效果图如图 9.19 所示。

至于掩码图是怎么制作的，这里就不过多着墨了，笔者用的是 PhotoShop 软件，其实 Windows 自带的画图软件也可以制作掩码图，原理很简单，只需将要显示的部分设置为白色，其余部分全部设置为黑色即可。

图 9.19　最终效果图

9.8 实战：运用 EasyX 制作扫雷游戏

扫雷游戏应该都知道吧，作为 Windows 标志性的游戏，扫雷游戏几乎成为一代人的回忆了。

要设计一个扫雷游戏，肯定要先定制一个游戏界面，采用 100×100 像素的画布，然后每一个放 10×10 个方格，其中有 10 个雷。然后干什么呢？用直线工具每 10 个像素点画一条线，横竖都画好后，就有了一个棋盘。

之后用随机函数定义 10 个雷，这 10 个雷存储在声明的二维数组中。玩扫雷需要用鼠标单击，所以引入了鼠标函数，同时还要判断鼠标单击的位置，并且在其所属方格要改变颜色，同时重要的是什么？先判断这个方格是不是雷，如果是，就结束游戏，否则显示周围有多少个雷。结束游戏有两个条件：一是玩家单击到雷（即触雷了），二是玩家将 10 个雷全部找出来了。

示例 9.7 是扫雷代码。

【示例 9.7】

```
01  #include<stdio.h>
02  #include<math.h>
03  #include<windows.h>
04  #pragma comment(lib,"winmm.lib")
05  #include <graphics.h>
06  #include <conio.h>
07
08  #define width 800
09  #define high 800
10
11  IMAGE img_back;                                    // 背景图片
12  IMAGE img_bu;                                      // 遮挡图片
13  IMAGE img_lei;                                     // 左键单击雷的样式
14  IMAGE img_boom;                                    // 右键标记雷的样式
15  IMAGE back;
16  IMAGE began;
17  IMAGE beganback;
18  int ball[width][high]={0};                         // 声明存储雷的二维数组
19  int newnumber=0;
20  int fuck;
21
22
23  void startup()
24  {
25      initgraph(width,high);
26      // 初始化雷的位置
```

```
27      int i,j;
28      int number=0;
29      fuck=0;
30      while(number<=10)
31      {
32          i=rand()%10*80;
33          j=rand()%10*80;
34          ball[i][j]=1;
35
36          number++;
37      }
38      number=0;
39      loadimage(&img_back,L"C:\\game\\saolei\\636674123704116566.jpg");
                                                  // 载入背景图片
40
41     loadimage(&img_lei,L"C:\\game\\saolei\\636674133611520915.jpg");
                                                  // 载入雷的图片
42
43      loadimage(&img_bu,L"C:\\game\\saolei\\636674414206717137.jpg");
                                                  // 载入游戏胜利图片
44
45      loadimage(&img_boom,L"C:\\game\\saolei\\636677853605636622.jpg");
46
47
48      putimage(0,0,&img_back );                 // 显示胜利图片
49      PlaySound(TEXT("C:\\game\\saolei\\OYRH - 光a.wav"),NULL, SND_ASYNC |
50      SND_NODEFAULT);                           // 播放 BGM
51
52  }
53  void show()
54  {
55
56      BeginBatchDraw();                         // 加载界面，防止卡顿
57
58      int x,y;
59      // 划线以区别旗子位置
60      setlinecolor(WHITE);
61      for(x=0;x<=800;x+=80)
62      {
63          line(x,0,x,800);
64      }
65
66      for(y=0;y<=800;y+=80)
```

```
67          {
68              line(0,y,800,y);
69          }
70
71          FlushBatchDraw();
72          EndBatchDraw();
73      }
74
75  void updatewithoutinput()
76  {
77
78  }
79
80  void updatewithinput()
81  {
83      int x=0;                        // 计数器
84      int i,j;                        // 扫描器
85      MOUSEMSG m;
86      while(MouseHit())               // 检测是否有鼠标消息
87      {
88          m=GetMouseMsg();
89          if(m.uMsg==WM_MOUSEMOVE){
90      }
91      if(m.uMsg==WM_LBUTTONDOWN)
92      {
93          // 先判断是不是雷
94
95          if( ball[m.x/80*80][m.y/80*80]==1)
96          {
97              putimage(0,0,&img_lei);
98              Sleep(3000);
99              exit(0);
100         }
101         else
102         {
103             // 左键单击的位置变为随机颜色
104             //COLORREF RGB(100,100,100);
105             setfillcolor RGB(rand()%220,rand()%220,rand()%220);
106             solidrectangle(m.x/80*80,m.y/80*80,m.x/80*80+80,
                                m.y/80*80 +80);
107             settextcolor(WHITE);
108
109             //检测周边有多少雷
```

```
110
111             if(m.x/80*80==0)
112             {
113                 if(m.y/80*80==0)
114                 {
115                     for(i=m.x/80*80;i<=m.x/80*80+80;i+=80)
116                         for(j=m.y/80*80;j<=m.y/80*80+80;j+=80)
117                         {
118                             if(ball[i][j]==1)
119                                 x++;
...     // 省略部分代码
210                         }
211                     }
212                     else
213                     {
214                         for(i=m.x/80*80;i<=m.x/80*80+80;i+=80)
215                             for(j=m.y/80*80-80;j<m.y/80*80+160;j+=80)
216                             {
217                                 if(ball[i][j]==1)
218                                 x++;
219                             }
220
221                     }
222                 }
223                 else
224                 {
225                     for(i=m.x/80*80-80;i<m.x/80*80+160;i+=80)
226                         for(j=m.y/80*80-80;j<m.y/80*80+160;j+=80)
227                         {
228                             if(ball[i][j]==1)
229                                 x++;
...     // 省略部分代码
330                         }
331
332                 }
333
334                 // 输出当前周围有多少雷
335                 //if(x!=0)
336
337                 settextcolor(WHITE);
338                 TCHAR s[5];
339                 _stprintf(s, _T("%d"), x);
...     // 省略部分代码
```

```
440                 x=0;
441                 outtextxy(m.x/80*80+40,m.y/80*80+40, s);
442
443
444
445             }
446
447         }
448         if(m.uMsg==WM_RBUTTONDOWN)
449         {
450             fuck++;
451             //setfillcolor(BLUE);
452             //solidrectangle(m.x/80*80,m.y/80*80,m.x/80*80+80,
                                    m.y/80*80+80);
453             putimage(m.x/80*80,m.y/80*80,&img_boom);
454             if(fuck==10)
455             {
456                 putimage(0,0,&img_bu);
457                 Sleep(2000);
458                 exit(0);
459             }
460
461         }
462     }
463
464 }
465 void gameover()
466 {
467
468 }
469 void newshow()
470 {
471     BeginBatchDraw();
472     putimage(0,0,&back );                  // 显示游戏开始界面
473     putimage(250,100,&beganback,NOTSRCERASE );
474     putimage(250,100,&began,SRCINVERT );
475     FlushBatchDraw();
476     EndBatchDraw();
477 }
478  void newupdatewithoutinput()
479  {
480
481
```

```
482 }
483 void newupdatewithinput()
484 {
485     MOUSEMSG m;
486     while(MouseHit())                          // 检测鼠标消息
487     {
488         m=GetMouseMsg();
489         if(m.uMsg==WM_MOUSEMOVE){
490         }
491         if(m.uMsg==WM_LBUTTONDOWN)
492         {
493             if(m.x>250&&m.x<450&&m.y>100&&m.y<380)
494             {
495                 newnumber=1;
496             }
497         }
498     }
499
500
501 }
502 void main()
503 {
504     loadimage(&back,L"C:\\game\\saolei\\636682995766981988.jpg");
                                               // 载入开始界面
506     loadimage(&began,L"C:\\game\\saolei\\636682994819374585.jpg");
507     loadimage(&beganback,L"C:\\game\\saolei\\
636682994819374585back.jpg");
508     initgraph(690,431);
509     while(newnumber==0)
510     {
511         newshow();
512         newupdatewithoutinput();
513         newupdatewithinput();
514     }
515     startup();                              // 数据初始化
516     while(1)
517     {
518
519         updatewithoutinput();               // 与用户无关的变量
520         updatewithinput();                  // 与用户有关的变量
521         show();                             // 界面输出
522
523     }
```

```
524        getch();
525        closegraph();
526        gameover();
527 }
```

这个扫雷程序有点难度了，有一个问题当时困扰了笔者很久，每次单击边界的格子时，总是发生闪退现象。刚开始还以为是计算机的问题，后来经过仔细检查，发现了一个逻辑错误，边界的格子周围只有 5 个格子，而当时笔者的程序代码是要扫描周围 8 个格子，这就导致程序找不到二维数组中确切的房间（其实是数组越界了），导致程序出错，并且处于 4 个角的格子周围只有 3 个格子，并且这 4 个格子周围对应的 3 个格子位置都不一样，左上角的格子检测其右边、下边以及右下角的格子，右上角的格子检测其左边、下边以及左下角的格子，右下角的格子检测其左边、上边以及左上角的格子，左下角的格子检测其右边、上边以及右上角的格子。所以当程序检测到格子被单击后，还应该判断这个格子处于棋盘中哪个位置。

为了加强游戏的可玩性，还加入了游戏开始界面，也就是另一个界面，只有当用户单击 playgame 时，游戏界面才会切换到棋盘。

如果读者完全靠自己就可以编写出这个扫雷游戏，那么读者的 C 语言水平基本越过入门等级了，甚至比入门还要高一等级。

第 10 章

C语言的精髓——指针

本书前面多次提到指针，也说过指针的学习会有一定难度，本章就来重点介绍指针。

本章主要内容：

- 了解什么是指针
- 掌握指针的使用语法
- 明白指针和数组有何异同
- 学会用指针进行运算

10.1 C 语言的独子

指针是 C 语言的精髓。记得第一次上 C 语言课的时候，导师就在课堂上说过，指针是 C 语言伟大的发明，是了不起的技术。计算机有这么多语言，但是唯独 C 语言拥有指针，因此学好指针才能说自己掌握了 C 语言。

在学习了 C 语言之后，笔者还自学了 Java、Python 以及汇编语言，虽然这 3 门语言都有其特殊的地方，甚至有些地方确实比 C 语言方便。但是，C 语言因为有了指针便脱颖而出，鹤立鸡群。每种语言各有风骚，不必完全掌握，只需精通一门即可。

指针具体是什么呢？现在抛开编程思维，谈起指针，我们脑海里面想的是什么？

笔者记得当时想的是钟表上的指针（见图 10.1），印象中好像也只有钟表上有“指针”。

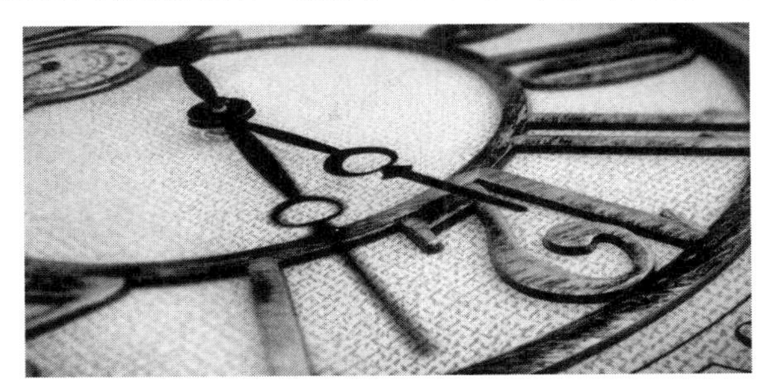

图 10.1　钟表上的指针

指针和钟表差不多，唯一的区别就是钟表指向时间，而指针指向“地址”。10.2 节将介绍“地址”的概念。

10.2 取地址运算符“&”

&符号可以用来判断（&&），也可以用来输入，即 scanf()函数。本章不是在讲指针吗，怎么又讲到了 scanf()函数呢？

其实，我们从一开始就在接触指针了，数组也是特殊的指针。C 语言其实就是指针的衍生物，因为 C 语言处处都有指针的存在。

scanf()作为 C 语言自带函数库里面的函数，就使用了指针，感兴趣的读者可以去百度搜索 scanf()函数里面到底有什么，至于取地址运算符“&”，顾名思义，就是用来取地址的。

什么是地址？因为程序都是在内存中运行的，而内存中有很多一个个排列的房间，每个房间都有一个特定的“地址”，也就是俗称的门牌号。如图 10.2 所示，A、B、C 是 3 个连续声明的变量，由于是连续声明的，因此它们在内存中的排列是连续的，而 0000 就是变量 A 的地址，0001 是变量 B 的地址，0002 是变量 C 的地址，当然，这些地址是假设的，目的是让读者有一个大致的概念。

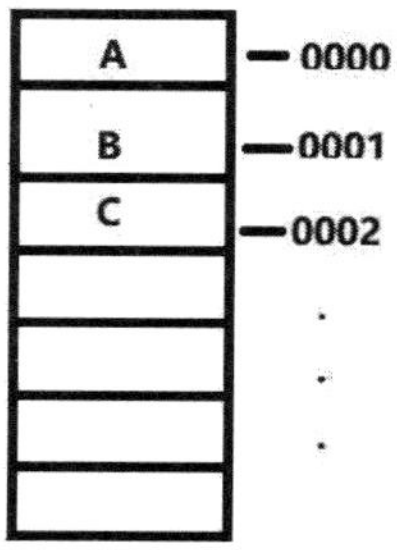

而&的功能就是将其中一个房间的门牌号记下来，要是程序员想改变这个房间中的内容，只需输入相应的房间号就可以直接更改。实现这个功能就得靠指针。

从汇编的角度看，图 10.2 有很多错误：

- 第一点，变量 A、B、C 不一定就是一个字节的变量，可能是两个字节甚至多个字节，这是其中一个错误。
- 第二点，A、B、C 是变量名，而不是房间中存储的东西，图 10.2 的画法意思为 A、B、C 是房间存储的值。

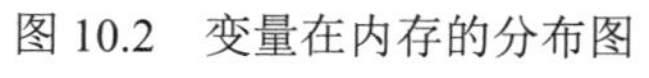

图 10.2　变量在内存的分布图

- 第三点，没有说明是在哪一个段存储器，计算机的存储方式通常是按段存储，将内存分为各种段存储器，大致有代码段、数据段、堆栈段以及附加段。

对于以上 3 点，读者可以不用太在意，因为 C 语言对这些内容没有做强制要求，我们直接声明变量，C 语言会自动分配存储器，但是对于低级语言汇编来说，可就麻烦多了。汇编语言要求程序员自己声明和申请存储空间，段与段之间还有复杂的语句，连计算都得用寄存器来完成。而 C 语言完全不必在意这些内容。

现在知道了取地址运算符“&”的作用，那么它具体的用法是怎样的呢？

比如想看变量 a 的地址是多少，可以这样做，如示例 10.1 所示。

【示例 10.1】

```
01  #include<stdio.h>
02  #include<stdlib.h>
03
04  void main(void)
```

```
05  {
06      int a;
07      printf("%p\n",&a);
08      system("pause");
09  }
```

输出结果如图 10.3 所示。

图 10.3　变量 a 的地址

这里用%p 来输出地址，现在就可以看到变量 a 在内存中的门牌号了，这就是变量 a 对应的地址。变量 a 的地址在读者计算机上就不一定是 0019FF3C 了，不信可以尝试一下。

如果以后还要学习汇编的话，就会发现地址有很多种，有逻辑地址、偏移地址以及物理地址之分。但是在 C 语言中不必去了解这些，直接使用就行。

我们知道一个变量的地址有什么用呢？用法又是什么呢？以上这些疑问将在 10.3 节一一揭晓。

10.3 指针的使用

前面讲了“&”可以当作取地址运算符，也就是获取变量的房间门牌号，那么得到了变量的地址门后，该存放在什么地方呢？10.2 节获取地址后直接就输出了，但在实际运用中常常要将地址存储起来。

C 语言存储数据是靠变量来实现的，那么 C 语言是不是应该有一个特殊变量来存储地址呢？答案是肯定有的，存储指针的变量就被称为指针变量。

通常这样声明指针变量：int *p，注意，这个“*”是必不可少的，如果没有这个“*”，那么变量 p 就只是一个普通的整型变量。&取下门牌号后，又怎么赋给指针变量呢？

可以如下赋值：

```
int *p=&i
```

当然，这里假设已经提前声明了一个变量 i，这行代码表示将变量 i 的地址赋值给了指针变量 p。我们知道，既然声明了一个变量，即使这个变量是指针变量，依然会在内存分配空间，也就是房间。这就意味着这个指针变量也有地址，但是目前不用管这个指针的地址，我们关心指针变量 p 的房间中装的是什么？不就是变量 i 的地址（门牌号）吗？一般来说，我们称这种关系是：p 是指向变量 i 的指针。

讲了这么多，那么指针有什么用呢？存了一个变量的地址，又有什么用呢？第 7 章讲过，变量分为局部变量（本地变量）和全局变量，处于函数内部的变量是局部变量，而处于函数外部的是全局变量。局部变量只可以在本函数内使用，虽然也可以传值，但是在其他函数内部赋以新的值，原函数内的变量是不变的，简单来说，局部变量互不相干，各走各的阳关道。

但是有了指针后，情况就不一样了，局部变量可以在函数外被改动了。

假设现在要改变变量 a 的值，参见示例 10.2。

【示例 10.2】

```
01  #include<stdio.h>
02  #include<stdlib.h>
03
04  void change(int *p)
05  {
06      *p=10;
07
08  }
09  void main(void)
10  {
11      int a=5;
12      change(&a);
13      printf("%d\n",a);
14      system("pause");
15  }
```

代码将 a 的地址传给了 change()函数，该函数的参数是指针*p，所以第 12 行代码将 a 的地址传给了指针 p。

同时，第 06 行代码将 10 赋值给*p，那么，原函数中 a 的值是不是就改变了呢？答案是肯定的，结果如图 10.4 所示。

图 10.4　指针的使用结果

有了指针，可以在函数外直接访问函数内的局部变量，甚至还可以改变其内容，这个大大加强了 C 语言的实用性。不过在声明指针变量时要注意：

```
int *p,q;
int* p,q;
```

这两种声明方法有没有什么不同？一个是*靠近 int，一个是*靠近 p。其实这两种声明方法是一样的效果，都是将 p 作为指针变量，但是将 q 作为普通的 int 变量，而不是将 p 和 q 都作为指针变量。

本书前几章曾多次提到过指针，这是有原因的，不仅仅是因为指针的重要性，更多还是因为指针的特殊性，指针只有 C 语言拥有，它可以直接修改函数内部的值，但是不仅仅是可以修改局部变量，只要获取了其地址，就可以修改任何地方的数值。

指针的这种强大功能和灵活性也成了双刃剑，因而从开发的角度，C 语言比其他高级语言更难掌握，因而对使用 C 语言的人，要求具有较高的程序设计能力。C 语言是系统级编程的首选，因为 C 语言是为开操作系统而生的，大部分操作系统的核心部分都是用 C 语言开发的，例如 Unix，Windows，Linux 等，而 Android 的核心部分来源于 Linux。

从现代编程语言的视角去审视 C 语言，对于一般的编程爱好者而言，那么 C 语言“成也指针，败也指针”。由于指针的特殊性和灵活性，C 语言也不对指针越界进行检查，使 C 语言不适用于非专业人员编写对安全性要求较高的应用程序，因为如果不能深入理解系统核心的开发，对指针使用失控就会使得编写的应用程序具有安全缺陷，给黑客攻击提供了可乘之机。

图 10.5 所示是 2020 年 8 月世界编程语言排行榜。

Aug 2020	Aug 2019	Change	Programming Language	Ratings	Change
1	2	↑	C	16.98%	+1.83%
2	1	↓	Java	14.43%	-1.60%
3	3		Python	9.69%	-0.33%
4	4		C++	6.84%	+0.78%
5	5		C#	4.68%	+0.83%
6	6		Visual Basic	4.66%	+0.97%
7	7		JavaScript	2.87%	+0.62%
8	20	⇈	R	2.79%	+1.97%
9	8	↓	PHP	2.24%	+0.17%
10	10		SQL	1.46%	-0.17%
11	17	⇈	Go	1.43%	+0.45%
12	18	⇈	Swift	1.42%	+0.53%
13	19	⇈	Perl	1.11%	+0.25%
14	15	↑	Assembly language	1.04%	-0.07%
15	11	⇊	Ruby	1.03%	-0.28%
16	12	⇊	MATLAB	0.86%	-0.41%
17	16	↓	Classic Visual Basic	0.82%	-0.20%
18	13	⇊	Groovy	0.77%	-0.46%
19	9	⇊	Objective-C	0.76%	-0.93%
20	28	⇈	Rust	0.74%	+0.29%

图 10.5　2020 年世界编程语言排行榜

在这张表中，C 语言在 2020 年重新回到榜首，在 2019 年一度排名第二。C 语言是很古老的一门语言，诞生这么久，依然能够维持这种活力，C 语言在世界编程语言排行榜中从来没有跌出过前 5。读者若不信，可以自己去查阅相关资料。

10.4 指针和数组

本章前面曾提到过数组就是特殊的指针，那么数组是否具有指针一样的能力呢？无论数组有没有，毕竟实践才是检验真理的唯一标准。

现在将 read[]数组传入 change()函数中，然后改变 change[0]的值，看原函数中 read[0]的值是否发生改变。

【示例 10.3】

```
01  #include<stdio.h>
02  #include<stdlib.h>
03  
04  void change(int change[10])
05  {
06      change[0]=5;
07  
08  }
09  void main(void)
10  {
11      int read[10]={0};
12      change(read);
13      printf("%d\n",read[0]);
14      system("pause");
15  }
```

首先将 read[0]赋以初值 0，然后将 read[]传入 change()函数，并且 change()函数内将 change[0]赋值为 5。如果数组没有指针的特性，那么 read[]和 change[]是两个独立的数组，change[]数组值的改变不会影响 read[]数组。但事实又是怎样的呢？结果如图 10.6 所示。

图 10.6　特殊的数组

可见两者是相互影响的，change[]数组会影响 read[]数组。换句话说，这两个数组根本就是一个数组，只是名字不一样罢了。换汤不换药，只是皮囊不一样，内核还是一致的。

所以，可以说数组是特殊的指针。传递数组时，时刻记住，其实是传送数组的地址（即指针），因此无论在哪个地方改变数组中元素的数值，就是对原数组进行修改。

10.5 指针的运算

变量之间可以进行加减乘除运算，指针变量也是变量，是否就意味着指针也可以进行运算。如果可以的话，运算是否又和一般变量相同呢？

首先，我们需要明白指针变量运算格式是怎么样的，是不是和一般变量相同。

【示例 10.4】

```
01  #include<stdio.h>
02  #include<stdlib.h>
03
04  void main(void)
05  {
06      int read[10]={0,1,2,3,4,5};
07      int *p=read;
08      printf("%d\n",*p);
09      system("pause");
10  }
```

这个程序就是将数组 read[]的地址赋值给指针变量 p，然后输出*p 的值。不过值得注意的是，程序仅仅输出了 0（见图 10.7），这说明了什么？

0 是从哪来的呢？仔细想想，read[0]是不是为 0？这段代码是不是输出了 read[0]的数值？

10.2 节提到过取地址运算符“&”的使用，那时输出的是地址，为什么现在输出的是原变量的数值呢？答案很简单，因为输出用的是“*p”而不是“p”。

将代码改成这样：

```
01  #include<stdio.h>
02  #include<stdlib.h>
03
04  void main(void)
05  {
06      int read[10]={0,1,2,3,4,5};
07      int *p=read;
08      printf("%d\n",p);
09      system("pause");
10  }
```

相比起示例 10.4，只是将第 08 行的“*p”换成了“p”，现在输出的结果又是什么呢？输出结果如图 10.8 所示。

很显然，这次就输出了地址。由此可得，用 p 可以输出被指单位的地址，用*p 可以输出被指单位的存储内容。

图 10.7　指针变量运算格式

图 10.8　p 的输出结果

现在回到问题开始的地方，指针指向一个数组，但是输出的是数组的第一个元素 read[0]，所以这种写法仅仅指向数组的第一个元素，而不是整个数组。

如果用户不想指向数组的第一个元素，而是想指向其他元素，又该怎么办呢？

按已经掌握的知识储备量，可以轻松写出如下代码：

```
int *p=&read[0];
int *p=&read[1];
int *p=&read[2];
```

不过一定要记得加取地址运算符“&”。本节讲解数组的运算，下面看看用指针做一些运算，例如 p++意味着什么呢？

【示例 10.5】

```
01  #include<stdio.h>
02  #include<stdlib.h>
03  #include<time.h>
04  void main(void)
05  {
06      int read[10]={5,4,3,2,1,0};
07      int *p=read;
08      p++;
09      printf("%d\n",*p);
10      system("pause");
11  }
```

结果输出 4。读者可能会想，*p 原本是 0，再加一个 1，是不是会变成 1？不过结果显然不是这样的。

前面讲过，数组中是一串连续的房间，每个房间都有自己的门牌号。我们将指针变量 p 指向数组，因为把数组名 read 赋值给 p，而数组名就是数组的起始地址，也是指向数组第一个元素的地址，在本例中也就是 read[0]。p++的作用不是将 read[0]的数值加 1，而是 p 指针加 1，指向了数组中的下一个元素，在本例中就是指向了 read[1]，即 p 的最新指针值变成了 read[1]的地址。

为了更加仔细地说明指针加 1 的作用，现在将示例 10.5 改成示例 10.6 这样。

【示例 10.6】

```
01  #include<stdio.h>
02  #include<stdlib.h>
```

```
03
04  void main(void)
05  {
06      int read[10]={0,1,2,3,4,5};
07      int *p=read;
08      p++;
09      printf("%d\n",p);
10      printf("%d\n",&read[1]);
11      system("pause");
12  }
```

现在不输出加 1 之后*p 的值，输出加 1 之后 p 中存储的地址是多少，并且输出 read[1]的地址，结果如图 10.9 所示。

图 10.9　输出地址

结果很显然，两者的地址是完全一样的，也就是说指针 p 加 1 之后，便指向了数组的下一个元素。

指针不仅仅可以 p++，还可以 p+3、p+5 等，不过要是想在输出函数 printf()中进行运算，记得*是一个单目运算符，其运算等级要高于加减。所以正确的格式应该是：

```
printf("%d",*(p+5));
```

但是，运算符++的运算等级比*高，所以可以直接写成：

```
printf("%d",*p++);
```

指针的运算讲到这里差不多结束了，现在布置一个作业，以前循环一个数组使用 for 循环，现在试着用指针来循环数组。

【示例 10.7】

```
01  #include<stdio.h>
02  #include<stdlib.h>
03
04  void main(void)
05  {
06      int read[10]={0,1,2,3,4,5,-1};
07      int *p=read;
08      while(*p!=-1)
09      {
10          printf("%d\n",*p++);
11
12      }
13      system("pause");
14  }
```

是不是看起来更简洁了？至于为什么要加个-1，是因为总得有一个循环结束的条件。

由此可见，指针的运算和数组关系紧密，指针加 1 或减 1 对应着指向数组下一个元素或前一个元素，同时用“*p”可以输出被指数组元素中的数值，用“p”可以输出被指数组元素的地址。

10.6 用指针使一个程序崩溃

前面讲过，因为 C 语言指针的特殊性和过于灵活，导致不少人难于驾驭 C 语言的指针编程。因为指针可以直接改变某个变量的值，给编程人员提供了巨大的灵活性，但是如果编程人员功夫不深，也会在程序中留下安全隐患。

在计算机中存在的任意地址，如果不是当前应用程序允许访问的地址，就都不允许当前应用程序去访问，操作系统会禁止这一类的越界越权访问。

编写如下代码：

```
01  #include<stdio.h>
02  #include<stdlib.h>
03
04  void main(void)
05  {
06      int read[10]={0,1,2,3,4,5};
07      int *p=0;
08      printf("%d\n",*p);
09      system("pause");
10  }
```

在上面的程序中由于 0 地址是越界的，系统不允许当前应用程序访问，因而运行结果如图 10.10 所示。

虽然C语言不对越界访问进行检查，但是当前的大部分操作系统都有系统级的越界检查，因此可能会拒绝越界越权访问，反映到应用程序层面就是抛出异常，同时中止程序的执行。

本节试着使一个程序崩溃，原理很简单，就试图通过指针越界越权访问。另外，如果系统安全防护有漏洞，就可以通过指针越界更改系统中某个关键变量的值，只要获取到该变量的地址即可。这个变量可以是循环变量，更改后导致程序一直运行，无法停止，进入死循环并占用系统资源直到系统崩溃。也可以是条件变量，导致程序无法做出正确的判断。游戏外挂就是利用游戏系统漏洞，修改游戏判断逻辑，例如锁血外挂，就是血量的判断逻辑被改变了，即使血是负的都不会结束游戏，导致其他玩家无法将带外挂作弊玩家击杀。

总之，程序中的变量出现不正常的变化基本都可以导致程序出现逻辑错误，输出错误的结果，或者直接崩溃或闪退，严重的会导致数据的不可逆丢失或毁坏。

不过，身为程序员或者一个编程爱好者，这些都是我们应该避免的。

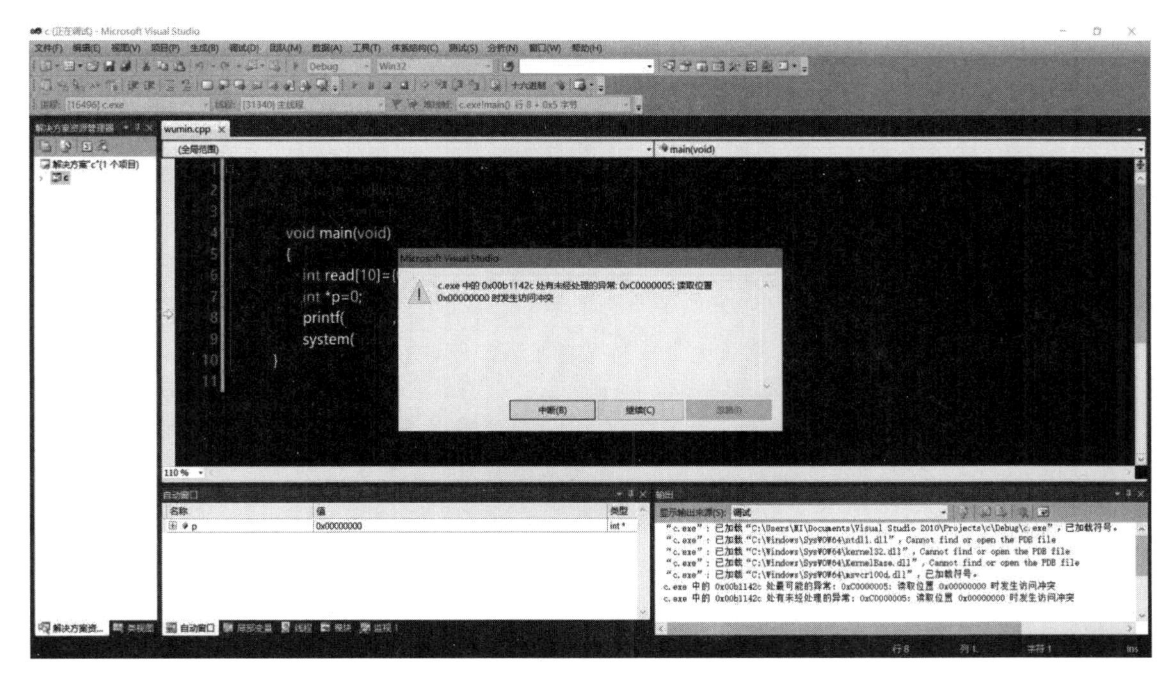

图 10.10　越界访问 0 地址的运行结果

10.7 二级 C 语言真题练习

（1）设有定义：int n1=0,n2,*p=&n2,*q=&n1;，以下赋值语句中与 n2=n1;语句等价的是（A）。

A　*p=*q;　　B　p=q;　　C　p=&n1;　　D　p=*q;

（2）设有定义：int a,*pA=&a;，以下 scanf 语句中能正确为变量 a 读入数据的是（A）。

A　scanf("%d",pA) ;　　B　scanf("%d",a) ;
C　scanf("%d",&pA) ;　　D　scanf("%d",*pA) ;

（3）已定义函数：

```
fun (int *p) { return *p;}
```

该函数的返回值是（C）。

A　不确定的值　　B　形参 p 中存放的值
C　形参 p 所指存储单元中的值　　D　形参 p 的地址值

（4）下列函数定义中，会出现编译错误的是（B）。

A

```
max(int x, int y,int *z)
{
```

```
        *z=x>y ? x:y;
    }
```

B

```
int max(int x,y)
{
    int z;
    z=x>y? x:y;
    return z;
}
```

C

```
max(int x,int y)
{
    int z;
    z=x>y? x:y;
    return(z);
}
```

D

```
int max(int x,int y,int z)
{
    return (z=x>y?x:y);
}
```

（5）有以下程序：

```
int *fun(int *x,int *y)
{
   if(*x<*y)
       return x;
   else
       return y;
}
main()
{
   int a=7,b=8,*p=&a,*q=&b,*r;
   r=fun(p,q);
   printf("%d,%d,%d",*p,*q,*r);
}
```

执行后输出结果为（B）。

A　7,8,8　　　B　7,8,7　　　C　8,7,7　　　D　8,7,8

第 11 章

C语言字符串

字符串是计算机中很常用的一种数据存储格式，“串”这种表示方法不同于数组，同理，字符数组和字符串两者虽然相近，但是又有很明显的区别，当我们需要用大量字符去表示某些数据时，可以采用字符串的形式。具体的使用方法和用途还得在本章寻找答案。

本章主要内容：

- 了解并区别字符串和字符数组
- 掌握字符串的使用方法并且熟练运用
- 重点掌握 C 语言几个常用的字符串函数

11.1 什么是字符串

介绍字符串之前，首先讲讲什么是字符数组，字符数组说到底也是数组，字符数组的声明跟数组类似，例如下面这种：

```
char read[10]={'n','i','c','e'};
```

上述代码只给字符数组前 4 个元素（或单元）赋予了初值，那后面的 6 个元素里面又是什么呢？下面通过代码逐个扫描一下，参见示例 11.1。

【示例 11.1】

```
01  #include<stdio.h>
02  #include<stdlib.h>
03
04  void main(void)
05  {
06      char read[10]={'n','i','c','e'};
07      int i;
08      for(i=0;i<10;i++)
09      {
10          printf("%c",read[i]);
11      }
```

```
12        system("pause");
13    }
```

这个程序可以遍历 read[]数组，然后输出，字符的输出用格式%c。该程序的运行结果如图 11.1 所示。

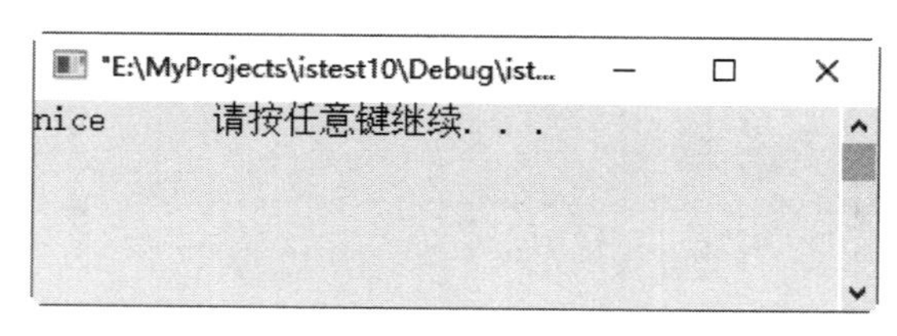

图 11.1　运行结果

显而易见，程序自动给字符数组后面的 6 个元素填充了“空格”，如果是一般的整型数组，程序自动填充的是什么？如果不敢确定，就去翻看第 8 章。

同时，字符串可以这样声明或定义：

```
char read[10]="nice";
char read[]="nice";
char *p="nice";
```

注意最后一行，意思是有个指针 p 指向一个字符数组，这个字符数组里面的内容是 nice。

但是字符串不是字符数组，两者从功能上来看，字符串要更高一筹。从结构上来看，两者相差无几。字符串仅仅比字符数组多了一个'\0'。

```
char read[10]={'n','i','c','e','\0'};
```

这个是字符串的定义，是不是仅仅多了一个 '\0' 字符，但是得注意，'\0'是标志着字符串结束的结束符，不属于字符串内容的一部分，因此计算字符串长度时不包括这个'\0'字符，但是字符串存储容量则需要提供多一个字符空间用于存储 '\0' 这个结束符：

```
char read[10]="nice";
```

这个"nice"字符串在 read[]里面占据了多少空间？答案是 5 个，因为编译器会自动在字符串末尾生成一个'\0'作为结束符。前面不是说 '\0' 不属于字符串的一部分吗？怎么现在又要算上这个 '\0' 呢？

因为 '\0' 是必须存在的，有这个 '\0'，相关的字符串函数才能有效运行。

先在这里留下一个悬念，字符串比字符数组多一个 '\0'，这个 '\0' 究竟有什么用？等学习完本章知识就知道了。

11.2 字符串变量

介绍字符串变量之前，先看看这段代码：

```
01 #include<stdio.h>
02 #include<stdlib.h>
03 #include<time.h>
04 void main(void)
05 {
06     char *p="read!";
07     p[0]='s';
08     printf("%c",p[0]);
09     system("pause");
10 }
```

代码并没有出现语法上的错误，Microsoft Visual Studio 2010 并没有给错误提示信息，也就意味着编译通过了。可是运行一下编译生成的程序，就会出现如图 11.2 所示的错误提示。

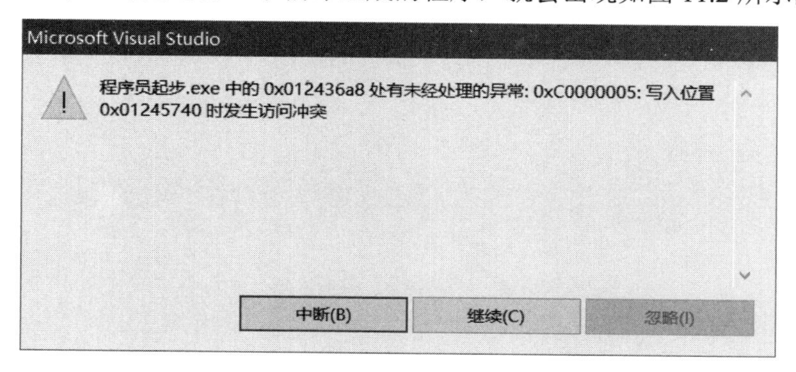

图 11.2　出错提醒

为什么呢？这个程序很简单，就是定义了一个名为 p 的字符串常量，其内容为"read!"，这么定义的话，在计算机中是以数组的形式存在的，所以修改第一个元素 p[0]，其内容原本是'r'，现在将其内容变为's'，但程序出错了，为什么？

p 是字符串“常量”，而不是字符“变量”，由于 C 语言是一门古老的语言，因此为了编程方便，常常省略了很多东西，这种写法计算机自动为程序员省略了 const，在*p 前面计算机会自动添加一个 const。

也就意味着这种写法只可“读”，而不可“写”，通俗一点就是不能更改其内容。那么怎么声明才能创建字符串变量呢？很简单，用数组的写法就行，例如：

```
char read[10]="nice";
char read[]="nice";
```

第一种写法表示字符串 read 有 10 个元素，前 4 个元素分别存储 n、i、c、e，第 5 个元素是'\0'。

第二种写法表示字符串 read 有 5 个元素，前 4 个元素用来存储相应的字母，第 5 个元素用于存储'\0'。

用这样的语法声明字符变量就可以实现对其内容的更改了。读者可以在自己的计算机上尝试运行一下。

11.3 字符串的输入与输出

本书前面讲解过字符的输入和输出，在飞机游戏的开发中就用过，而且还调用了一个特殊的函数 getch()，目的是不用玩家按回车键，程序自动读入用户的按键数据。当然，输入的字符必须是单字符。

除了这个函数外，我们常用的 scanf()和 printf()行不行呢？当然可行，只不过有点小小的麻烦，输入会很讲究，具体怎么输入呢？

首先，要用“%s”来作为字符的输入和输出，当 scanf()读到回车键或空格键，甚至是 Tab 键时，就会停止读入。下面通过示例 11.2 来看看具体怎么实现。

【示例 11.2】

```
01  #include<stdio.h>
02  #include<stdlib.h>
03
04  void main(void)
05  {
06      char *p[10];
07      scanf("%s",&p);
08      printf("%s@@@\n",p);
09      system("pause");
10  }
```

为了更直接地体现效果，在 printf()函数后面加了 3 个@，下面准备输出。

- 第 1 次输入“read”，结果如图 11.3 所示。

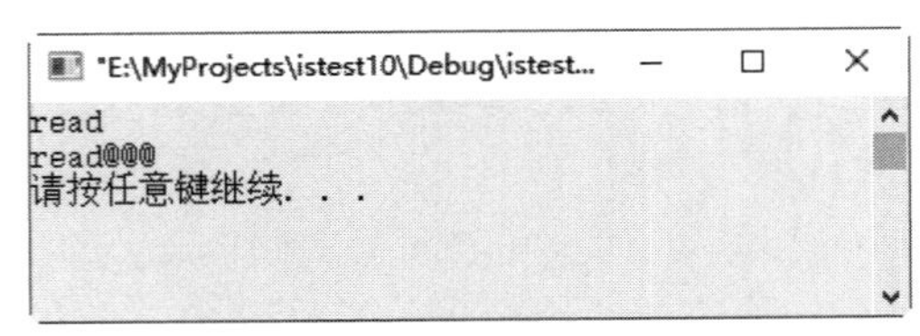

图 11.3　第 1 次输入“read”

- 第 2 次输入“re ad”，中间输入空格符，结果如图 11.4 所示。

图 11.4　第 2 次输入“re ad”，中间输入空格符

- 第 3 次输入“re　　ad”，中间输入 Tab 键，结果如图 11.5 所示。

图 11.5　第 3 次输入“re　　ad”，中间输入 Tab 键

- 第 4 次输入“read”，“re”和“ad”中间输入回车键，结果如图 11.6 所示。

图 11.6　第 4 次输入“read”，中间输入回车键

下面来看结果。很显然，程序都做出了相应的判断。

- 在图 11.3 中，输出 read，说明第一次的输入方式是可取的。
- 在图 11.4 中，输入“re ad”，但是程序只输出了 re，可见，当 scanf()函数读到空格符号时，就不再继续读入，而是等待用户输入回车键，以结束程序。
- 在图 11.5 中，输入“re　　ad”，中间输入了 Tab 键，结果程序也是只输出了 re，可见 Tab 键和空格键的作用一样，scanf()函数读到两者时就不再继续读入数据，而是等待用户输入回车键直接结束程序。
- 在图 11.6 中，由于在输入 re 之后直接按回车键，因此程序只输出 re 是正常的。

综上所述，当 scanf()函数读到制表符（Tab）或者空格符时，就停止读入，尽管这个时候用户还在输入，但是 scanf()函数都不给予理睬，并且图 11.6 只输出了字母 re，因为按了回车键，程序就会直接结束。

但是，这种输入方式是不安全的，因为用户不知道这个字符串的容量是多少，如果输入的字符数量超过了字符串所能承受的容量，会发生什么？发生的情况如图 11.7 所示。

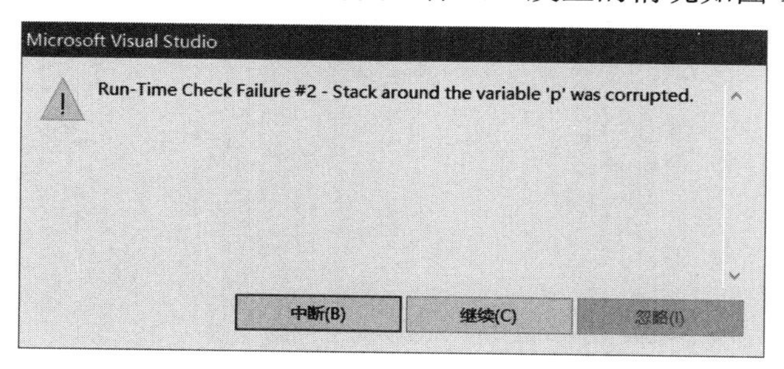

图 11.7　程序崩溃

那么怎么安全地输入呢？其实也不难，只需要再加个数字即可，例如：

```
scanf("%9s", &p);
```

代表程序最多读 9 个字符，无论用户输入多少字符，程序只取前面的 9 个字符。为什么是 9 个，声明的不是 10 个房间的字符串吗？字符串不同于字符数组，字符串要比字符数组在末尾多一个'\0'。

在平常的小游戏编程中其实很少用到这种语句，一般是用 getch()函数来解决输入问题，因为想要游戏中的人物立刻做出反应，而不是需要玩家输入方向键后，还要按回车键，人物才会有相应的动作，这在游戏中是不可能的。

反观这个字符串的 scanf()输入，在游戏中有什么用呢？用处还是有的，比如游戏开始的时候，给游戏主角定义一个名字，这时就可以用到 scanf()函数，当玩家输入完名字后，按回车键确定，名字就确定好了。

11.4 常用的字符串函数

字符串的相关函数说明如下：

```
strlen
strcmp
strcpy
strcat
```

它们都包含在头文件 string.h 中，所以想要包含这些函数时需要加头文件：

```
#include<string.h>
```

（1）函数 strlen()的功能就是计算一个字符串的长度，当然，不包括结尾的'\0'。现在通过程序来演示 strlen()的功能。

【示例 11.3】

```
01 #include<stdio.h>
02 #include<stdlib.h>
03 #include<string.h>
04
05 void main(void)
06 {
07     char p[10]="decade";
08     int a;
09     a=strlen(p);
10     printf("%d\n",a);
11     system("pause");
12 }
```

首先定义一个名为 p 的字符串，同时用 strlen()扫描字符串，并将结果赋值给 a，然后输出 a 的值。结果为 6，因为字符串"decade"有 6 个字符。如果用另一个扫描函数 sizeof 会怎么样呢？结果为 7，因为 sizeof 会将结尾的 '\0' 算上。

strlen()函数的功能就是计算字符串的长度，但是不将结尾的零算上，利用 strlen()的这个特性可以用来计算用户输入了多少个字符，在实际应用中，游戏角色名的长度都有一定的限制，当玩家输入完主角的名字后，可以用 strlen()函数来判断输入的名字长度是否超标。如果在允许的范围内，那么程序继续运行，否则要求玩家重新输入主角的名字。

（2）函数 strcmp()的功能要相对复杂点，因为它可以比较两个字符串的大小，如果相同，就输出 0，如果不同，就输出 1 或-1。还是通过程序来认识 strcmp()，参见示例 11.4。

【示例 11.4】

```
01 #include<stdio.h>
02 #include<stdlib.h>
03 #include<string.h>
04
05 void main(void)
06 {
07     char p1[10]="decade";
08     char p2[10]="decade";
09     printf("%d\n",strcmp(p1,p2));
10     system("pause");
11 }
```

很明显，程序会输出 0，因为字符串 p1 和 p2 是完全相同的，现在将第 08 行字符串的 p2[0]改为“c”，变成下面这样：

```
08     char p2[10]="cecade";
```

现在重新编译一次，输出结果如图 11.8 所示。

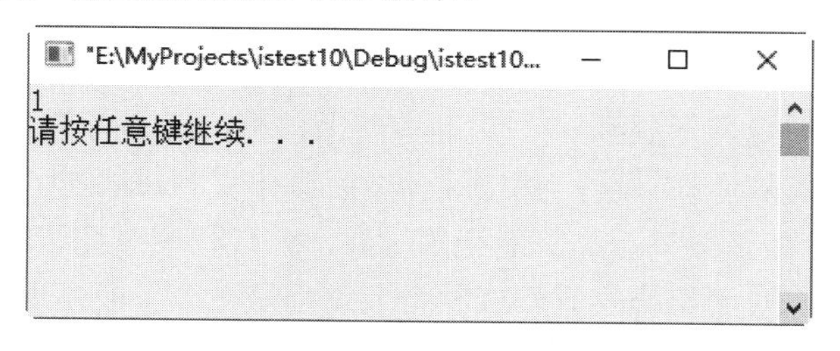

图 11.8　strcmp 函数的输出结果

程序输出了 1，为什么呢？不要着急，现在再更改一次代码，将第 08 行改为这样：

```
08     char p2[10]="eecade";
```

现在将首字母 d 变为 e，重新编译并运行，结果如图 11.9 所示。

图 11.9　重新编译后 strcmp 函数的输出结果

现在程序输出了-1，读者看出什么了吗？在 ASCII 码中，d 的值是小于 e 而大于 c 的，所以 strcmp()比较 p1 和 p2，如果 p1 大于 p2，那么输出 1，如果 p1 等于 p2，那么输出 0，如果 p1 小于 p2，那么输出-1。当然，比较的是从左到右第一个不相同的字符，例如 abc 和 abd 相比较，程序只会比较第一个不同的字符，也就是比较 c 和 d。

切记 C 语言是区分字母大小写的，例如 abc 和 Abd 比较的话，strcmp()函数会比较 a 和 A。

在 C++中，strcmp()函数还会输出具体的差值，也就是'a'-'d'的差值（对应着 ASCII 码中的数值之差），只不过 C 语言不支持这种功能。

（3）函数 strcpy()的功能是复制。下面具体实践。

【示例 11.5】

```
01  #include<stdio.h>
02  #include<stdlib.h>
03  #include<string.h>
04
05  void main(void)
06  {
07      char p1[]="decade";
08      char p2[10];
09      strcpy(p2,p1);
10      printf("%s",p2);
11      system("pause");
12  }
```

第 09 行代码将 p1 的内容复制到 p2，但是有一个前提，p2 的字符容量必须足够才行。使用 strcpy()函数时，通常都是将 p2 设置为空函数，然后直接复制，这是为了避免不必要的麻烦，因为 strcpy()可以是字符串函数里面非常复杂的函数，前代程序员花了很多心思在这上面，只要这个函数有一点提升，对于整个互联网或整个系统都是不得了的发现。

输出结果如图 11.10 所示。

图 11.10　正确的输出结果

将 p2 的容量改小一点会出现什么呢？也就是说，p2 的容量不足以容纳"decade"这个字符串，将 p2 设置为 4：

```
    char p2[4];
```

现在输出结果。在编译过程中，Visual Studio 2010 并没有给出错误提示，并且输出了 decade，但是在程序结束后出现了错误提示信息，也就是图 11.11 所示的内容，提示字符串 p2 出现了问题。

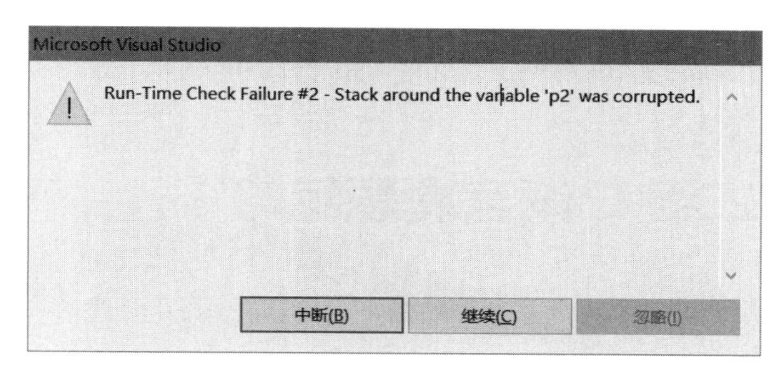

图 11.11　p2 为 4 时程序的输出结果

（4）strcat()函数的作用是串接字符串，就是将两个字符串接起来，通过示例 11.6 来说明。

【示例 11.6 】

```
01  #include<stdio.h>
02  #include<stdlib.h>
03  #include<string.h>
04
05  void main(void)
06  {
07      char p1[20]="Hello ";
08      char p2[]="world";
09      strcat(p1,p2);
10      printf("%s",p1);
11      system("pause");
12  }
```

程序将 p2 串接到 p1 后面，不过要求 p1 字符串有足够的存储空间才行，输出结果是“Hello world”，如图 11.12 所示。

图 11.12　字符串串接后的结果

可以试一试更改 p1 的容量大小，使 p1 不足以容纳 p2 的内容，然后运行程序看看会出现什么结果呢？

字符串的函数可以直接引用，也可以自己编辑程序实现同样的功能。由于程序员的编程习惯不同，常常导致一些不易察觉的 Bug，例如需要几个程序员合作的项目，每个人的风格不同，各自有各自的方法，项目的各个部分单独编译时都没有问题，但是合在一起构成完整的项目时就容易出现大问题，程序编译无法通过。所以，程序员进公司工作时都会收到一个小册子（编程规范），上面有公司编程的注意事项，编码风格或代码格式尽量统一，有利于后期 Bug 的修复，也有利于其他程序员阅读。

11.5 二级 C 语言真题练习

（1）以下程序（strcpy()为字符串复制函数，strcat()为字符串链接函数）运行后的输出结果是（C）。

```
#include<stdio.h>
#include<string.h>
void main()
{
    char a[10]="abc",b[10]="012",c[10]="xyz";
    strcpy(a+1,b+2) ;
    puts(strcat(a,c+1));
}
```

A　a12xyz　　B　bc2yz　　C　a2yz　　D　12yz

（2）以下涉及字符串数组、字符指针的程序段，没有编译错误的是（B）。

A

```
char*str,name[5];
name="hello";
```

B

```
char*str,name[6];
str="c/c++";
```

C

```
char str1[7]="prog.c",str2[8];
line="//////"
```

D

```
char line[];
str2=str1;
```

（3）有以下程序：

```
#include<stdio.h>
void main()
{
    char a[20],b[]="The sky is bule";
    int i;
    for(i=0;i<10;i++)
        scanf("%c",&a[i]);
    a[i]='\0';
    gets(b);
    printf("%s%s\n",a,b);
}
```

若执行时输入 Fig flower is red <回车>，则输出结果是（B）。

A　Fig flower is red．is blue　　　B　Fig flower is red

C　Fig floweris red　　　D　Fig floweris

（4）下列赋值语句正确的是（A）。

A　char *s="ABCDE";　　　B　char s[5]={'A','B','C','D','E'};

C　char s[4][5]={"ABCDE"};　　　D　char *s;gets(s);

（5）以下选项中，没有编译错误的是（A）。

A　char str3[]={'d','e','b','u','g','\0'};　　　B　char str1[5]="passs",str2[6];str2=str1;

C　char name[10];name="china";　　　D　cahr str4[];str4="hello world";

第 12 章 认识结构类型

已经接近本书的尾声了，相信读者已经对 C 语言有了自己的见解，并且有能力独立学习了。所以，本章将一些杂乱且看似无序的知识点安排在一起。这些内容可能涉及前面的基础，也有全新内容，相信读者有能力融会贯通。

本章主要内容：

- 掌握枚举的用法
- 了解什么是结构类型
- 明白结构数组的编程原理
- 了解什么是联合

12.1 枚举类型

枚举类型在有些程序和考试中很常见，生活中也到处都是，比如一周 7 天、12 属相等都可以看成是枚举类型。

在 C 语言诞生之前，枚举就已经在其他编程语言中存在了，它的具体定义如下：

```
enum color{red,blue,yellow};
```

enum 是枚举的标志，用来声明这个变量是一个枚举类型。color 是枚举类型的变量名称，由我们自己定义。大括号（{}）中的内容就是枚举的值，这些值由读者自己定义。大括号（{}）中的值是有序号的：red=0、blue=1、yellow=2，这点和数组元素的下标很像，都是从 0 开始的。

上述代码的意思是：声明了一个枚举变量 color，它有 3 个值：red、blue 和 yellow。

如果要输出 red 的序号，参见示例 12.1。

【示例 12.1】

```
01 #include<stdio.h>
02 #include<stdlib.h>
03
04 void main(void)
05 {
```

```
06      enum color{red,blue,yellow};
07      printf("%d",red);
08      system("pause");
09  }
```

运行结果如图 12.1 所示。

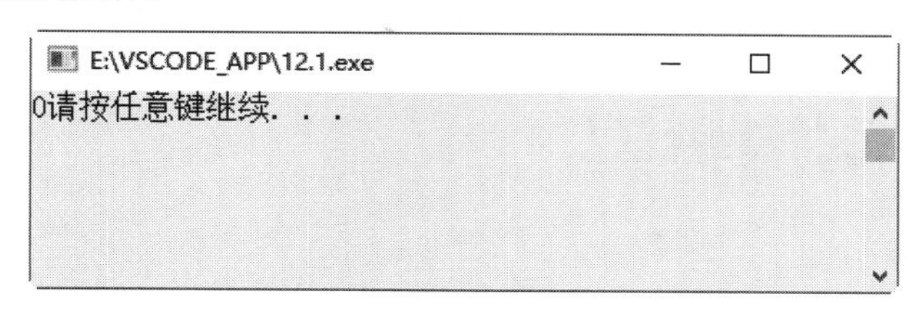

图 12.1　枚举的输出结果

上述代码在输出时格式化符号用的是%d，间接说明 red 的类型是 int。blue 和 yellow 的输出值也是一样的，都是输出它们在枚举中的序号。这些序号不仅可以采用计算机的默认值（从 0 开始），也可以自己赋值：

例如，将 red 赋值为 1，yellow 赋值为 9：

```
enum color{red=1,blue,yellow=9};
```

既然计算机会自动为枚举赋值，那么读者猜猜 blue 的值是多少？答案是 2，因为计算机自动将前一个枚举的值加 1，作为下一个枚举的序号（也即是它对应的值）。

当我们需要声明一系列变量，并且这些变量还需要排序时，用枚举再合适不过了。

例如，现在需要统计班上所有同学的名字，可以用枚举来表达：

```
enum name{xiaohong,xiaoming,xiaoqiang};
```

所有同学的名字就是一个序列，其中的枚举名就是同学们的名字。如果再加上分数就更好了，这样就形成了一张分数排名表。

前面的示例输出时只是输出了枚举的序号，其实枚举还可以输出每个值。也就是说，可以输出示例 12.1 中的 red、blue 和 yellow。

下面再来看一个错误的枚举输出的例子，参见示例 12.2。

【示例 12.2】

```
01  #include<stdio.h>
02  #include<stdlib.h>
03
04  void main(void)
05  {
06      enum color{red,blue,yellow};
07      printf("%s",color);
08      system("pause");
09  }
```

示例 12.2 中将第 08 行改为直接输出枚举 color 的值，但这种用法是错误的，color 在这里根本就不能用，大家可以运行这个示例看看错误提示是什么。C 语言的编译器一般会给出错误提示信息：color 未声明。这是因为 color 是用户自定义的枚举类型名，而不是变量名或常量的标识符，无法作为字符串变量或者字符串常量来输出。

12.2 结构类型

当程序中表达一个数据时，只需一个变量即可，但变量适用于简单的数据，如果想要表达的数据是日期，该怎么办？日期有年、月、日。或者想要表达员工的出勤表，就更复杂了，不仅有时间，还有很多员工的名字。逐个声明相关变量显得不太可能，30 位员工可能需要 60 个变量。C 语言为了处理这种复杂数据，提供了结构类型，结构类型属于 C 语言的自定义类型，这种功能丰富了 C 语言的数据类型，带来了编程的灵活性。

有了结构类型，就可以使用一个变量表达多个变量，写法参见示例 12.3。

【示例 12.3】

```
01  #include<stdio.h>
02  #include<stdlib.h>
03
04  void main(void)
05  {
06      struct date
07      {
08          int year;
09          int month;
10          int day;
11      };
12      struct date today;
13      today.year=2020;
14      today.month=04;
15      today.day=20;
16      printf("%i.%i.%i",today.year,today.month,today.day);
17
18      system("pause");
19  }
```

第 06~11 行定义了一个结构类型，用 struct 来定义名为 date 的结构，struct 是 structure 的简写，它的英文意思是“结构，构造，结构体”。声明整型变量用 C 语言的关键字 int，而定义结构类型用关键字 struct。在 struct 的大括号（{}）中又定义了 3 个整型变量，分别是 year、month 和 day。这样就可以用一个 date 结构类型来包含 3 个整型变量。

注　　意

在第 11 行大括号后面有一个分号（;），这是必不可少的。

第 12 行声明了一个结构类型的变量，也就是 today。定义了结构类型后，要想使用结构类型，就必须声明（或定义）结构变量，本例声明了一个名为 today 的 date 结构类型的变量，用这个变量来表示“今天”的日期值，然后用“%i”输出结构变量的内容即可。

说　　明

在 printf()中，%i 和%d 没有区别，都是输出整数。

C 语言还可以这样声明结构类型的变量：

```
01  struct date
02  {
03      int year;
04      int month;
05      int day;
06  }today,yesterday;
```

上述代码声明了两个结构变量：today 和 yesterday。

对于结构变量的赋值，可以像示例 12.3 那样逐一进行赋值，也可以采用如下方式赋值：

```
struct date today={2020,04,20};
```

计算机会自动安排给对应的变量，从上到下依次排列，2020 对应 year，04 对应 month， 20 对应 day。

结构有些地方和数组挺像，如果没有给 month 和 day 赋值，只给 year 赋值为 2020，那么程序会默认 month 和 day 的值为 0。读者可以试一试，看看输出是不是 2020.0.0。

结构类型的变量和其他类型的变量一样，若声明在函数内部，则只能在本函数使用；若声明在函数外，则所有函数皆可使用。

结构类型通常用在哪些地方呢？当我们需要表示一个系列的时候，就可以使用结构类型。比如本书列举的例子是要表示日期的结构，日期不仅仅有年、月、日，还有今天、明天、昨天、后天等，如果都用单个的整型变量来定义，定义的变量就太多了，代码整体看下来几乎都是在声明变量，不便于阅读，也不利于程序后期的维护。

如果使用结构类型，问题就简单多了，在结构中定义主要变量，然后声明结构类型的变量来引用即可。

12.3 结构数组

我们知道可以声明整型数组和字符数组，那么是否可以声明结构数组呢？肯定可以。我们现在自定义一个结构类型，然后声明一个结构数组，参见示例 12.4。

【示例 12.4】

```
01  #include<stdio.h>
02  #include<stdlib.h>
03
04  void main(void)
05  {
06      struct date
07      {
08          int year;
09          int month;
10          int day;
11      };
12      struct date days[3]={
13          {2020,04,20},
14          {2020,04,21},
15          {2020,04,22}
16      };
17
18      printf("%i.%i.%i",days[2] );
19
20      system("pause");
21  }
```

首先定义一个名为 date 的结构类型，然后声明一个名为 days 的结构数组，接着赋值，这个赋值的括号看起来很多，第一个赋值对应的是 days[0]，然后是 day[1]，以此类推。然后输出 days[2]，猜猜结果是什么？是 2020.4.22。

结构类型不仅可以声明数组，还可以嵌套使用，也就是结构中再定义另外一个结构，参考示例 12.5 中的方法。

【示例 12.5】

```
01  #include<stdio.h>
02  #include<stdlib.h>
03
04  void main(void)
05  {
```

```
06      struct date
07      {
08          int year;
09          int month;
10          int day;
11      };
12      struct days
13      {
14          struct date yesterday;
15          struct date today;
16          struct date tomorrow;
17      };
18      struct days one[2]={
19          { {2020,04,19}},
20          { {2020,04,20}}
21
22      };
23      printf("%i.%i.%i",one[1] );
24
25      system("pause");
26  }
```

赋值的时候，需要 3 个大括号来赋值一个结构数组。结构中的结构都用得很少，这种写法一般比较少见，因为不方便阅读。就算需要这么设计，建议结构最多不要嵌套三层，因为人毕竟不是机器，嵌套多了，谁都分不清。

这个示例的运行结果如图 12.2 所示。

图 12.2　示例 12.5 的输出结果

12.4 联合

联合类型其实和结构类型很像，也是 C 语言中的自定义数据类型，写法和定义都差不多，只不过联合类型中的变量与结构类型中的变量稍有不同，下面通过示例 12.6 进行说明。

【示例 12.6】

```
01  #include<stdio.h>
02  #include<stdlib.h>
03
04  void main(void)
05  {
06      union date
07      {
08          int year;
09          int month;
10          int day;
11      }today;
12      today.year=2020;
13      today.month=04;
14      today.day=22;
15      printf("%d.%d.%d",today.year,today.month,today.day);
16
17      system("pause");
18  }
```

这个联合类型是不是和结构类型很像？只是将 struct 换成了 union，那么问题来了，程序会输出 2020.4.22 吗？运行结果如图 12.3 所示。

图 12.3　联合类型变量的输出

程序输出的是 22.22.22，这就有意思了，明明要求程序输出 year 和 month，为什么程序全输出了 day 的值？其实，程序是输出了 year 和 month，只不过它们的值都变成了 22 而已。

联合类型和结构类型的区别就在这里，结构类型中的变量可以单独拿出来引用，每个变量都有各自的存储空间，联合类型则不同，联合类型中的所有变量共用一个存储空间，也就是联合起来共用一个存储空间，因此才叫联合。

所以，一个变量发生改变，其余的变量会做出相应的改变。

说　明
二级 C 语言考试也有结构类型的考题，但是比重不大。

12.5 实战：开发一个结构完整的游戏——俄罗斯方块

开发一款大型游戏有哪些必要的准备呢？首先要有灵感，是横版闯关游戏还是简单的益智游戏，或者是比较难的二维格斗游戏，无论是什么游戏，要有一个大致思路和大致的故事背景，游戏风格选择卡通还是像素。

（1）笔者更偏向像素风格的游戏，把故事背景和游戏风格确立好，这样才算走好了第一步。

（2）第二步就是设计游戏光卡和游戏道具，这对于美术的要求较高，可以画一些特色关卡的截图或者 Boss 的草稿，总不能编写代码的时候再想吧？把关卡的详细图解画出来，如果有一些隐藏的彩蛋，就再好不过了。

要保持原创游戏是真的很难，背景音乐也要自己制作。游戏背景音乐是一个难点，还有很多特效音乐，例如子弹发射的音效、爆炸音效、加血音效等。将这些都制作好后，就可以开始下一步了。

（3）开始编写代码，把自己想要的结果全部用代码表现出来。这一步比较漫长，因为 Bug 无处不在，即使编译通过，读者会发现，逻辑也可能会出现错误，程序达不到自己想要的结果，例如不能正常发射子弹，不能正常跳跃，程序不能正常判断游戏结束，等等，这些是因为参数设置不恰当的原因，只要好好更改就好，问题也不是很大。

还有就是一定要做好注释，大型游戏可能有上万行代码，甚至几十万行，没有注释，自己回头看代码时可能已经忘记了初衷。

笔者选取的游戏，在早期的诺基亚塞班系统中就有，甚至小时候家里的电视机上也有，这就是大名鼎鼎的俄罗斯方块。俄罗斯方块是一款由俄罗斯人阿列克谢·帕基特诺夫于 1984 年 6 月发明的休闲游戏，如图 12.4 所示。

图 12.4 俄罗斯方块

此游戏在中国知名度很高，是一款老少皆宜的游戏，市面上现在也有各种各样的版本可供挑选，如图 12.5 所示，但是根据笔者的观察，大多只是方块样式和界面有所区别而已，其核心内容还是那一套。

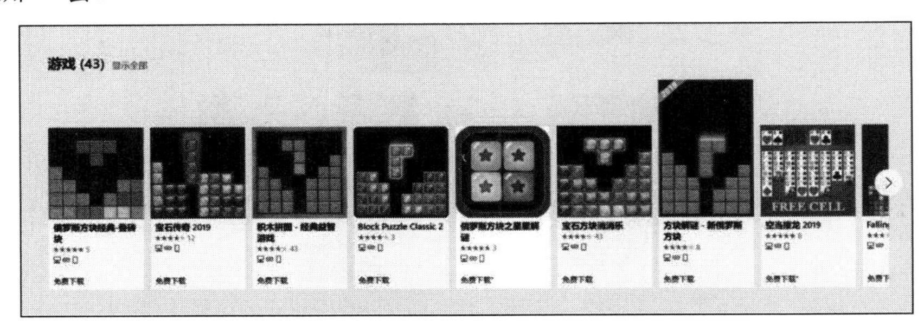

图 12.5 市面上的俄罗斯方块

做一个大型的游戏，首先需要确定设计目标和设计要求。

【设计目标】

（1）随机产生方块并下落。
（2）能准确显示并且正确消行、计分。
（3）按空格键暂停。
（4）按上键变形。
（5）按左右键移动。
（6）按 Esc 键退出游戏。
（7）每个界面都能够正确显示。

【设计要求】

由于笔者这次采用 DOS 操作界面进行设计，因此没有引用 EasyX 函数库，但是 C 语言具备颜色函数，所以要求很简单，程序能流畅运行，并且界面具有生动感即可。

接下来便是确定游戏的具体功能：

- 游戏信息显示功能：玩家进入游戏初始界面会有本游戏的操作说明以及友情提示界面（这是一个好游戏必备的界面，当玩家进入游戏时，有菜单栏提供游戏的操作说明以及游戏开始按钮和退出按钮）。
- 游戏方块预览功能：在游戏过程中，游戏界面右侧有预览区，游戏中存在多种不同的游戏方块，所以在预览区要显示随机生成的游戏方块（这个便是俄罗斯方块的特点，在这个预览功能区要展示下一个方块的样式，以便玩家对目前的方块做出合理的调整）。
- 游戏方块控制功能：通过各种条件的判断，实现对游戏方块的不同方向移动，以及消除满行的功能。
- 游戏数据显示功能：在玩家进行游戏的过程中，按照一定的规则统计其得分以及显示下落速度。
- 游戏结束退出功能：判断游戏结束条件，通过按 Esc 键退出。

现在我们来实现最难的一个步骤：方块解析。

通过仔细观察，我们可以知道每一个初始方块都是由 4 个小方块构成的，我们可以先定义 7 个基础方块，其余方块都是由这 7 个基础方块经过转换而来的，如图 12.6 所示。

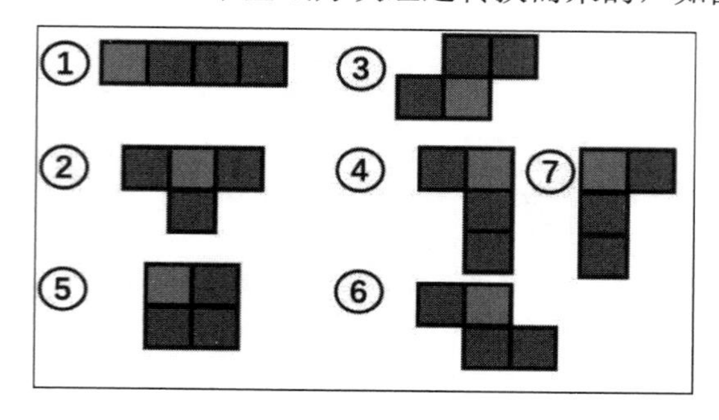

图 12.6　4 个基础方块

其中 3 和 6、4 和 7 是镜像对阵图形。这两对图形是编程中非常容易出错的地方。笔者一开始错认为 4 和 7、3 和 6 是同一个图形，直接导致游戏出现 Bug，因为很可能会出现凑不齐一行的情况。

其中浅色的方块是中心方块，笔者定义图形围绕浅色方块进行旋转，如图 12.7 和图 12.8 所示。

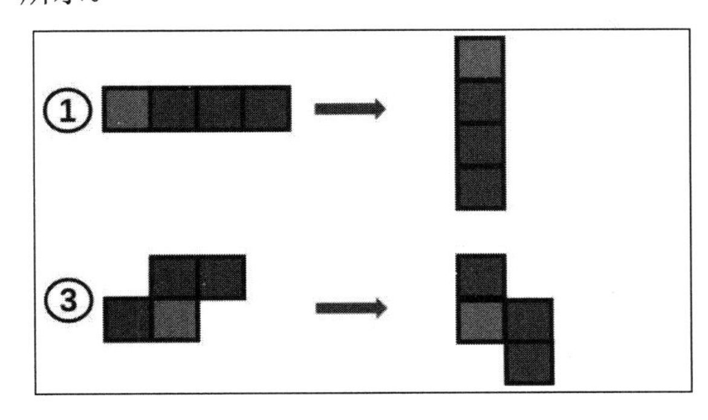

图 12.7　1 号和 3 号方块的旋转变换

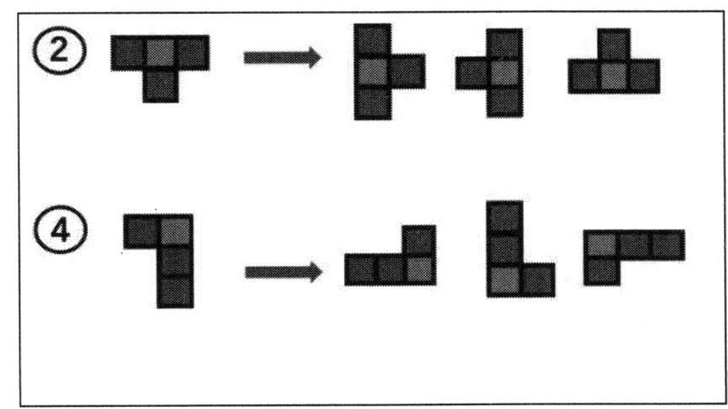

图 12.8　2 号和 4 号方块的旋转变换

其余方块的旋转方式和以上展示的一样，都是以顺时针方向旋转的。综上所述，俄罗斯方块一共会出现 19 个不同方块。

基本原理设计完成后，进入编写代码阶段。首先搭建基本游戏框架，参见示例 12.7。

【示例 12.7】

```
01  #include <stdio.h>
02  #include <graphics.h>                                    // 包含图形库头文件
03  #include <conio.h>
04  #include <windows.h>
05  #include <stdlib.h>
06  #include <time.h>
07  int hight = 800;                                         // 定义界面尺寸
08  int width = 800;
09
10  int cube_x,cube_y;                                       // 定义方块的坐标
11  int kind;                                                // 定义方块的种类
12  int v=0;                                                 // 定义方块的下落速度
13  int a;                                                   // 定义下落速度
14
15  int bottom_y;                                            // 定义每个方块的底部
16  int bottom_x[4];                                         // 定义每个方块的底部
17
18  int view[800][800] = {0};                                // 定义整个界面的二维数组
19  void updatewithpeople();                                 // 与用户输入有关的函数
20  void updatewithoutpeople();                              // 与用户输入无关的函数
21  void star();                                             // 初始化函数
```

```
22  void show();                                    // 显示函数
23  void gameover();                                // 游戏结束
24  void search();
25
26  int main()
27  {
28       star();
29      while(1)
30       {
31           updatewithpeople();
32           updatewithoutpeople();
33           show();
34
35       }
36       return 0;
37  }
```

现在实现游戏的基本界面，笔者设计的是一个 800×800 像素的游戏界面，同时将其分割成 400 个小方格，也就是用 line()函数每隔 40 个像素点就画一条线。当然，可以根据自己的喜好设置界面大小和方格大小，代码参见示例 12.8。

【示例 12.8】

```
01  #include <stdio.h>
02  #include <graphics.h>                           // 包含图形库头文件
03  #include <conio.h>
04  #include <windows.h>
05  #include <stdlib.h>
06  #include <time.h>
07  int hight = 800;                                // 定义界面尺寸
08  int width = 800;
09
10  void updatewithpeople();                        // 与用户输入有关的函数
11  void updatewithoutpeople();                     // 与用户输入无关的函数
12  void star();                                    // 初始化函数
13  void show();                                    // 显示函数
14  void gameover();                                // 游戏结束
15  void search();
16
17  int main()
18  {
19      star();
20      while(1)
21      {
```

```
22            updatewithpeople();
23            updatewithoutpeople();
24            show();
25
26        }
27        return 0;
28  }
29  void show()
30  {
31        int x,y;
32        cleardevice();
33        for(x=0;x<800;x+=40)                    // 画俄罗斯方块的棋盘线条
34         {
35            line(x,0,x,800);
36         }
37         for(y=0;y<800;y+=40)
38         {
39            line(0,y,800,y);
40         }
41  }
42  void star()
43  {
44        initgraph(hight, width);                 // 创建800×800像素的棋盘
45  }
```

运行效果如图 12.9 所示，可以看到一个完整的“棋盘”，每个方块的大小是 40×40 像素。

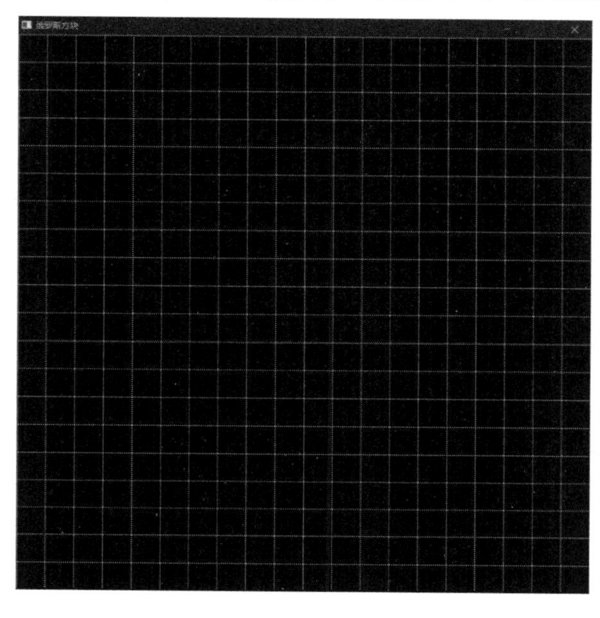

图 12.9　运行效果

完成这一步，开始绘制各种方块。前文提到过，可以将俄罗斯方块拆分为 7 个“主方块”，其余方块都由这 7 个主方块旋转变形得到，而且根据游戏内容，俄罗斯方块的初始位置都是在界面的正上方，所以设置全局变量 cube_x 和 cube_y 用来存储方块的 x、y 轴坐标，然后在 show()函数里面处理数据，相应代码参见示例 12.9。

【示例 12.9】

```
01 #include <stdio.h>
02 #include <graphics.h>                          // 包含图形库头文件
03 #include <conio.h>
04 #include <windows.h>
05 #include <stdlib.h>
06 #include <time.h>
07 int hight = 800;                                // 定义界面尺寸
08 int width = 800;
09 int cube_x,cube_y;                              // 定义方块的坐标
10
11 int view[800][800] = {0};                       // 定义整个界面的二维数组
12 void updatewithpeople();                        // 与用户输入有关的函数
13 void updatewithoutpeople();                     // 与用户输入无关的函数
14 void star();                                    // 初始化函数
15 void show();                                    // 显示函数
16 void gameover();                                // 游戏结束
17 void search();
18
19 int main()
20 {
21     star();
22     while(1)
23     {
24         updatewithpeople();
25         updatewithoutpeople();
26         show();
27
28     }
29     return 0;
30 }
31 void show()
32 {
33     int x,y;
34     cleardevice();
35     for(x=0;x<800;x+=40)                        // 画俄罗斯方块的棋盘线条
36     {
37         line(x,0,x,800);
```

```
38          }
39          for(y=0;y<800;y+=40)
40          {
41              line(0,y,800,y);
42          }
43      }
44      void star()
45      {
46          cube_x=400;                          // 定义方块的初始位置
47          cube_y=0;
48          view[cube_x][cube_y]=1;
49          initgraph(hight, width);             // 创建800×800像素的棋盘
50      }
```

这一步设置了二维数组 view[][]，用来存储整个界面中方块的数据，笔者是这样定义的：采用二维数组覆盖整个游戏界面，然后在 show()函数中逐行扫描二维数组，如果数组中某一个单元的值是 1，就在这个坐标点输出方块。所以，在 star()函数中还初始化了方块的坐标点，正是位于界面的正上方。原理解释清楚了，现在动手完善 show()函数，参见示例 12.10。

【示例 12.10】

```
01  #include <stdio.h>
02  #include <graphics.h>                    // 包含图形库头文件
03  #include <conio.h>
04  #include <windows.h>
05  #include <stdlib.h>
06  #include <time.h>
07  int hight = 800;                         // 定义界面尺寸
08  int width = 800;
09
10  int cube_x,cube_y;                       // 定义方块的坐标
11
12  int view[800][800] = {0};                // 定义整个界面的二维数组
13  void updatewithpeople();                 // 与用户输入有关的函数
14  void updatewithoutpeople();              // 与用户输入无关的函数
15  void star();                             // 初始化函数
16  void show();                             // 显示函数
17  void gameover();                         // 游戏结束
18  void search();
19
20  int main()
21  {
22      star();
23      while(1)
```

```
24      {
25          updatewithpeople();
26          updatewithoutpeople();
27          show();
28
29      }
30      return 0;
31  }
32  void show()
33  {
34      srand(time(NULL));
35      BeginBatchDraw();
36      int x,y;
37      cleardevice();
38      for(x=0;x<800;x+=40)                    // 画俄罗斯方块的棋盘线条
39      {
40          line(x,0,x,800);
41      }
42      for(y=0;y<800;y+=40)
43      {
44          line(0,y,800,y);
45      }
46      setlinecolor(RGB(255,255,255));
47      if(v==0)
48      {
49          setfillcolor(RGB(rand()%255,rand()%255,rand()%255));
                                                // 产生随机颜色的方块
50      }
51      for(x=0;x<800;x+=40)
52          for(y=0;y<800;y+=40)
53          {
54              if(view[x][y]==1||view[x][y]==2)
55                  fillrectangle(x,y,x+40,y+40);
56          }
57      FlushBatchDraw();
58  }
59  void star()
60  {
61      cube_x=400;                             // 定义方块的初始位置
62      cube_y=0;
63      view[cube_x][cube_y]=1;
64      initgraph(hight, width);                // 创建800×800像素的棋盘
65  }
```

同时，为了防止界面出现闪屏的情况，还需要加入 BeginBatchDraw()和 FlushBatchDraw()函数。这两个函数的原理在“帮助”文档中有详细的介绍，目的是有效降低闪屏的状况。同时，还需要为方块加入颜色的选择，用随机函数 rand()产生相应的 RGB 值，就能出现很多不同颜色的方块，降低玩家的疲劳感。

显示问题解决了，通过扫描 view[][]就可以得到方块的坐标。现在迎来第一个难点，如何实现多种方块的绘制？首先解决 7 个“主方块”的绘制，很明显，这些功能与用户的输入无关，我们要将其放置在 updatewithoutpeople()函数里面，参见示例 12.11。

【示例 12.11】

```
01  #include <stdio.h>
02  #include <graphics.h>                          // 包含图形库头文件
03  #include <conio.h>
04  #include <windows.h>
05  #include <stdlib.h>
06  #include <time.h>
07  int hight = 800;                               // 定义界面尺寸
08  int width = 800;
09
10  int cube_x,cube_y                              // 定义方块的坐标
11
12  int v;                                         // 定义方块下落的速度
13  int kind;                                      // 定义方块的种类
14
15  int view[800][800] = {0};                      // 定义整个界面的二维数组
16  void updatewithpeople();                       // 与用户输入有关的函数
17  void updatewithoutpeople();                    // 与用户输入无关的函数
18  void star();                                   // 初始化函数
19  void show();                                   // 显示函数
20  void gameover();                               // 游戏结束
21  void search();
22
23  int main()
24  {
25      star();
26      while(1)
27      {
28          updatewithpeople();
29          updatewithoutpeople();
30          show();
31
32      }
33      return 0;
```

```
34 }
35 void show()
36 {
37     srand(time(NULL));
38     BeginBatchDraw();
39     int x,y;
40     cleardevice();
41     for(x=0;x<800;x+=40)                          // 画俄罗斯方块的棋盘线条
42     {
43         line(x,0,x,800);
44     }
45     for(y=0;y<800;y+=40)
46     {
47         line(0,y,800,y);
48     }
49     setlinecolor(RGB(255,255,255));
50     if(v==0)
51     {
52         setfillcolor(RGB(rand()%255,rand()%255,rand()%255));
                                                      // 产生随机颜色的方块
53     }
54     for(x=0;x<800;x+=40)
55         for(y=0;y<800;y+=40)
56         {
57             if(view[x][y]==1||view[x][y]==2)
58                 fillrectangle(x,y,x+40,y+40);
59         }
60     FlushBatchDraw();
   }
61 void star()
62 {
63     cube_x=400;                                   // 定义方块的初始位置
64     cube_y=0;
65     view[cube_x][cube_y]=1;
66     initgraph(hight, width);                      // 创建800×800像素的棋盘
67 }
68
69 void  updatewithoutpeople()
70 {
71     srand(time(NULL));
72     if(v==0)
73     {
74         cube_x=400;
```

```
75          cube_y=0;
76          kind=rand()%7;                          // 随机产生一种方块
77          v=1;                                    // 当 v=0的时候，再重新刷新另一种方块
78      }
79      switch(kind)                                // 实现各种方块的绘制
80      {
81
82          case 0:
83              view[cube_x][cube_y]=1;
84              view[cube_x+40][cube_y]=1;
85              view[cube_x][cube_y+40]=1;
86              view[cube_x+40][cube_y+40]=1;break;
87          case 1:
88              view[cube_x][cube_y]=1;
89              view[cube_x+40][cube_y]=1;
90              view[cube_x][cube_y+40]=1;
91              view[cube_x+40][cube_y+40]=1;break;
92          case 2:
93              view[cube_x][cube_y]=1;
94              view[cube_x+40][cube_y]=1;
95              view[cube_x+40][cube_y+40]=1;
96              view[cube_x+80][cube_y+40]=1;break;
97          case 3:
98              view[cube_x][cube_y]=1;
99              view[cube_x+40][cube_y]=1;
100             view[cube_x][cube_y+40]=1;
101             view[cube_x-40][cube_y+40]=1;break;
102         case 4:
103             view[cube_x][cube_y]=1;
104             view[cube_x+40][cube_y]=1;
105             view[cube_x+80][cube_y]=1;
106             view[cube_x+120][cube_y]=1;break;
107         case 5:
108             view[cube_x][cube_y]=1;
109             view[cube_x][cube_y+40]=1;
110             view[cube_x+40][cube_y+40]=1;
111             view[cube_x+80][cube_y+40]=1;break;
112         case 6:
113             view[cube_x][cube_y]=1;
114             view[cube_x][cube_y+40]=1;
115             view[cube_x-40][cube_y+40]=1;
116             view[cube_x-80][cube_y+40]=1;break;
117         case 7:
```

```
118                 view[cube_x][cube_y]=1;
119                 view[cube_x][cube_y+40]=1;
120                 view[cube_x-40][cube_y+40]=1;
121                 view[cube_x+40][cube_y+40]=1;break;
122         }
123 }
```

现在我们已经实现了主方块的绘制，原理就是选中每个主方块左上角的那个方块作为中心方块，然后将 cube_x 和 cube_y 的值赋给中心方块，接着根据这个中心方块来绘制其余方块。

每一次游戏开始都要随机产生一种方块，所以在 updatewithoutpeople()函数里面添加随机函数。不过这是有条件的，只有当方块的下落速度 v 等于 0 的时候才随机选择，否则不选择。读者需要注意的是，rand()%7 产生的数字有 8 个，不仅仅是 1~7，还包括数字 0。所以在 switch()函数里面添加了 0 的选项，将 0 和 1 的选项设置成一样的，这就导致了游戏的失衡，因为某一个方块的出现概率要大于其他方块，这使游戏出现不公平现象，因此，不建议读者采取这种方法，其实要改变，也不难，将 rand()函数设置成 rand()%6 即可。

现在实现了随机产生一种方块，并且使其输出在屏幕上，还需要解决方块的移动问题，由于 show()函数的显示原理是逐行扫描二维数组 view[][]，所以，要是想让方块移动起来，需要修改 view[][]的数值。这在 updatewithoutpeople()函数里面完善，参见示例 12.12。

【示例 12.12】

```
01 #include <stdio.h>
02 #include <graphics.h>                              // 包含图形库头文件
03 #include <conio.h>
04 #include <windows.h>
05 #include <stdlib.h>
06 #include <time.h>
07 int hight = 800;                                   // 定义界面尺寸
08 int width = 800;
09
10 int cube_x,cube_y;                                 // 定义方块的坐标
11
12 int v;                                             // 定义方块是否停住
13 int kind;                                          // 定义方块的种类
14
15 int a;                                             // 定义下落速度
16 int bottom_y;                                      // 定义每个方块的底部
17 int view[800][800] = {0};                          // 定义整个界面的二维数组
18
19 void updatewithpeople();                           // 与用户输入有关的函数
20 void updatewithoutpeople();                        // 与用户输入无关的函数
21 void star();                                       // 初始化函数
22 void show();                                       // 显示函数
```

```
23 void gameover();                                    // 游戏结束
24 void search();
25
26 int main()
27 {
28     star();
29     while(1)
30     {
31         updatewithpeople();
32         updatewithoutpeople();
33         show();
34
35     }
36     return 0;
37 }
38 void show()
39 {
40     srand(time(NULL));
41     BeginBatchDraw();
42     int x,y;
43     cleardevice();
44     for(x=0;x<800;x+=40)                           // 画俄罗斯方块的棋盘线条
45     {
46         line(x,0,x,800);
47     }
48     for(y=0;y<800;y+=40)
49     {
50         line(0,y,800,y);
51     }
52     setlinecolor(RGB(255,255,255));
53     if(v==0)
54     {
55         setfillcolor(RGB(rand()%255,rand()%255,rand()%255));
                                                       // 产生随机颜色的方块
56     }
57     for(x=0;x<800;x+=40)
58         for(y=0;y<800;y+=40)
59         {
60             if(view[x][y]==1||view[x][y]==2)
61                 fillrectangle(x,y,x+40,y+40);
62         }
63     FlushBatchDraw();
   }
```

```
64  void star()
65  {
66      cube_x=400;                         // 定义方块的初始位置
67      cube_y=0;
68      view[cube_x][cube_y]=1;
69      initgraph(hight, width);            // 创建800×800像素的棋盘
70  }
71
72  void  updatewithoutpeople()
73  {
74      srand(time(NULL));
75      if(v==0)
76      {
77          cube_x=400;
78          cube_y=0;
79          kind=rand()%7;                  // 随机产生一种方块
80          v=1;                            // 当 v=0的时候，再重新刷新另一种方块
81      }
82      if(kind==4)
83          bottom_y=cube_y;
84      else
85          bottom_y=cube_y+40;
86      switch(kind)                        // 实现上一个方块的清零
87      {
88          case 0:
89              view[cube_x][cube_y]=0;
90              view[cube_x+40][cube_y]=0;
91              view[cube_x][cube_y+40]=0;
92              view[cube_x+40][cube_y+40]=0;break;
93          case 1:
94              view[cube_x][cube_y]=0;
95              view[cube_x+40][cube_y]=0;
96              view[cube_x][cube_y+40]=0;
97              view[cube_x+40][cube_y+40]=0;break;
98          case 2:
99              view[cube_x][cube_y]=0;
100             view[cube_x+40][cube_y]=0;
101             view[cube_x+40][cube_y+40]=0;
102             view[cube_x+80][cube_y+40]=0;break;
103         case 3:
104             view[cube_x][cube_y]=0;
105             view[cube_x+40][cube_y]=0;
106             view[cube_x][cube_y+40]=0;
```

```
107                 view[cube_x-40][cube_y+40]=0;break;
108             case 4:
109                 view[cube_x][cube_y]=0;
110                 view[cube_x+40][cube_y]=0;
111                 view[cube_x+80][cube_y]=0;
112                 view[cube_x+120][cube_y]=0;break;
113             case 5:
114                 view[cube_x][cube_y]=0;
115                 view[cube_x][cube_y+40]=0;
116                 view[cube_x+40][cube_y+40]=0;
117                 view[cube_x+80][cube_y+40]=0;break;
118             case 6:
119                 view[cube_x][cube_y]=0;
120                 view[cube_x][cube_y+40]=0;
121                 view[cube_x-40][cube_y+40]=0;
122                 view[cube_x-80][cube_y+40]=0;break;
123             case 7:
124                 view[cube_x][cube_y]=0;
125                 view[cube_x][cube_y+40]=0;
126                 view[cube_x-40][cube_y+40]=0;
127                 view[cube_x+40][cube_y+40]=0;break;
128         }
129 
130         switch(kind)                              // 用来判断各种方块是否应该下落
131         {
132             case 0:
133                 if(view[cube_x][bottom_y+40]!=1&&bottom_y<760)
134                 {
135                     a++;
136                     if(a>400)
137                     {
138                         cube_y+=40;
139                         a=0;
140                     }
141                 }
142                 else
143                     v=0;search();break;
144             case 1:
145                 if(view[cube_x][bottom_y+40]!=1&&bottom_y<760)
146                 {
147                     a++;
148                     if(a>400)
149                     {
```

```
150                     cube_y+=40;
151                     a=0;
152                 }
153             }
154             else
155                 v=0;search();break;
156         case 2:
157             if(view[cube_x+40][bottom_y+40]!=1&&
                   view[cube_x+80][bottom_y+40]!=1&& bottom_y<760)
158             {
159                 a++;
160                 if(a>400)
161                 {
162                     cube_y+=40;
163                     a=0;
164                 }
165             }
166             else
167                 v=0;search();break;
168         case 3:
169             if(view[cube_x][bottom_y+40]!=1&&
                   view[cube_x-40][bottom_y+40]!=1&&bottom_y<760)
170             {
171                 a++;
172                 if(a>400)
173                 {
174                     cube_y+=40;
175                     a=0;
176                 }
177             }
178             else
179                 v=0;search();break;
180         case 4:
181             if(view[cube_x][bottom_y+40]!=1&&
                   view[cube_x+40][bottom_y+40]!=1&&
                   view[cube_x+80][bottom_y+40]!=1&&
                   view[cube_x+120][bottom_y+40]!=1&&bottom_y<760)
182             {
183                 a++;
184                 if(a>200)
185                 {
186                     cube_y+=40;
187                     a=0;
```

```
188                 }
189             }
190             else
191                 v=0;search();break;
192         case 5:
193             if(view[cube_x][bottom_y+40]!=1&&
                   view[cube_x+40][bottom_y+40]!=1&&
                   view[cube_x+80][bottom_y+40]!=1&&bottom_y<760)
194             {
195                 a++;
196                 if(a>400)
197                 {
198                     cube_y+=40;
199                     a=0;
200                 }
201             }
202             else
203                 v=0;search();break;
204         case 6:
205             if(view[cube_x][bottom_y+40]!=1&&
                   view[cube_x-40][bottom_y+40]!=1&&
                   view[cube_x-80][bottom_y+40]!=1&&bottom_y<760)
206             {
207                 a++;
208                 if(a>400)
209                 {
210                     cube_y+=40;
211                     a=0;
212                 }
213             }
214             else
215                 v=0;search();break;
216         case 7:
217             if(view[cube_x][bottom_y+40]!=1&&
                   view[cube_x+40][bottom_y+40]!=1&&
                   view[cube_x-40][bottom_y+40]!=1&&bottom_y<760)
218             {
219                 a++;
220                 if(a>400)
221                 {
222                     cube_y+=40;
223                     a=0;
224                 }
```

```
225             }
226             else
227                 v=0;search();break;
228     }
229     switch(kind)                        // 实现各种方块的绘制
230     {
231
232         case 0:
233             view[cube_x][cube_y]=1;
234             view[cube_x+40][cube_y]=1;
235             view[cube_x][cube_y+40]=1;
236             view[cube_x+40][cube_y+40]=1;break;
237         case 1:
238             view[cube_x][cube_y]=1;
239             view[cube_x+40][cube_y]=1;
240             view[cube_x][cube_y+40]=1;
241             view[cube_x+40][cube_y+40]=1;break;
242         case 2:
243             view[cube_x][cube_y]=1;
244             view[cube_x+40][cube_y]=1;
245             view[cube_x+40][cube_y+40]=1;
246             view[cube_x+80][cube_y+40]=1;break;
247         case 3:
248             view[cube_x][cube_y]=1;
249             view[cube_x+40][cube_y]=1;
250             view[cube_x][cube_y+40]=1;
251             view[cube_x-40][cube_y+40]=1;break;
252         case 4:
253             view[cube_x][cube_y]=1;
254             view[cube_x+40][cube_y]=1;
255             view[cube_x+80][cube_y]=1;
256             view[cube_x+120][cube_y]=1;break;
257         case 5:
258             view[cube_x][cube_y]=1;
259             view[cube_x][cube_y+40]=1;
260             view[cube_x+40][cube_y+40]=1;
261             view[cube_x+80][cube_y+40]=1;break;
262         case 6:
263             view[cube_x][cube_y]=1;
264             view[cube_x][cube_y+40]=1;
265             view[cube_x-40][cube_y+40]=1;
266             view[cube_x-80][cube_y+40]=1;break;
267         case 7:
```

```
268             view[cube_x][cube_y]=1;
269             view[cube_x][cube_y+40]=1;
270             view[cube_x-40][cube_y+40]=1;
271             view[cube_x+40][cube_y+40]=1;break;
272     }
273 }
274 void search()                               // 满一行消除，同时上一行全部下移
275 {
276     int x,y,j;
277     int number=0;
278     for(y=0;y<800;y+=40)
279     {
280         for(x=0;x<800;x+=40)
281         {
282             if(view[x][y]==1)
283             {
284                 number++;
285             }
286         }
287         if(number==20)
288         {
289             j=0;
290             while(j<=760)
291             {
292                 view[j][y]=0;
293                 j+=40;
294             }
295             j=y-40;
296             for(;j>=0;j-=40){
297                 for(x=0;x<800;x+=40)
298                 {
299                     if(view[x][j]==1)
300                     {
301                         view[x][j]=0;
302                         view[x][j+40]=1;
303                     }
304                 }
305             }
306         }
307         number=0;
308     }
309 }
```

在完善移动功能时，遇到最大的障碍就是判断是否应该下落的问题。在俄罗斯方块中，方

块下落的判断有两个：一个是到达界面底部，不能继续移动；另一个是到达其他方块的表面，也不能继续移动。原理看似很简单，但计算机如何知道这个方块的底部是什么呢？这就意味着每个方块判定下落的条件不一样，因为方块的形状不一样，导致每个方块的底部也不一样，无形之中加大了工程量。

笔者的处理方式很简单粗暴，就是使用 switch()函数对每一种方块进行判定，每一种方块都赋予不一样的判定算法。虽然这样代码看起来重复且繁杂，但是很好地解决了问题。运行效果如图 12.10 所示。

读者之所以看到的方块都是“条形”的，是笔者为了测试方便，将每次的随机结果改成了 4，这样每次都会出现“条形”方块。

同时，笔者还用全局变量 a 来控制方块的下落速度，当 a 累加大于 200 时，cube_y 才进行加 40 的操作，否则方块的下落速度会超级快，以至于瞬间结束游戏。

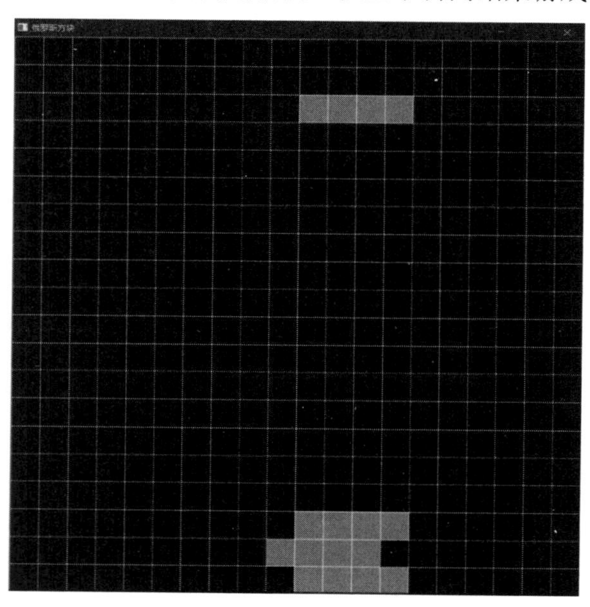

图 12.10　完善后的效果

现在，只剩下左右平移和变换没有解决了，完善 updatewithpeople()函数，参见示例 12.13。

【示例 12.13】

```
01  #include <stdio.h>
02  #include <graphics.h>                              // 包含图形库头文件
03  #include <conio.h>
04  #include <windows.h>
05  #include <stdlib.h>
06  #include <time.h>
07  int hight = 800;                                   // 定义界面尺寸
08  int width = 800;
09
```

```
10  int cube_x,cube_y;                          // 定义方块的坐标
11
12  int v;                                      // 定义方块是否停住
13  int kind;                                   // 定义方块的种类
14
15  int a;                                      // 定义下落速度
16  int bottom_y;                               // 定义每个方块的底部
17  int view[800][800] = {0};                   // 定义整个界面的二维数组
18
19  void updatewithpeople();                    // 与用户输入有关的函数
20  void updatewithoutpeople();                 // 与用户输入无关的函数
21  void star();                                // 初始化函数
22  void show();                                // 显示函数
23  void gameover();                            // 游戏结束
24  void search();
25
26  int main()
27  {
28      star();
29      while(1)
30      {
31          updatewithpeople();
32          updatewithoutpeople();
33          show();
34
35      }
36      return 0;
37  }
38  void show()
39  {
40      srand(time(NULL));
41      BeginBatchDraw();
42      int x,y;
43      cleardevice();
44      for(x=0;x<800;x+=40)                    // 画俄罗斯方块的棋盘线条
45      {
46          line(x,0,x,800);
47      }
48      for(y=0;y<800;y+=40)
49      {
50          line(0,y,800,y);
51      }
52      setlinecolor(RGB(255,255,255));
```

```
53      if(v==0)
54      {
55          setfillcolor(RGB(rand()%255,rand()%255,rand()%255));
                                                  // 产生随机颜色的方块
56      }
57      for(x=0;x<800;x+=40){
58          for(y=0;y<800;y+=40)
59          {
60              if(view[x][y]==1||view[x][y]==2)
61                  fillrectangle(x,y,x+40,y+40);
62          }}
63     FlushBatchDraw();
64  }
65  void star()
66  {
67      cube_x=400;                               // 定义方块的初始位置
68      cube_y=0;
69      view[cube_x][cube_y]=1;
70      initgraph(hight, width);                  // 创建800×800像素的棋盘
71  }
72
73  void  updatewithoutpeople()
74  {
75      srand(time(NULL));
76      if(v==0)
77      {
78          cube_x=400;
79          cube_y=0;
80          kind=rand()%7;                        // 随机产生一种方块
81          v=1;                                  // 当 v=0的时候，再重新刷新另一种方块
82      }
83      if(kind==4)
84          bottom_y=cube_y;
85      else
86          bottom_y=cube_y+40;
87      switch(kind)                              // 实现上一个方块的清零
88      {
89          case 0:
90              view[cube_x][cube_y]=0;
91              view[cube_x+40][cube_y]=0;
92              view[cube_x][cube_y+40]=0;
93              view[cube_x+40][cube_y+40]=0;break;
94          case 1:
```

```
95              view[cube_x][cube_y]=0;
96              view[cube_x+40][cube_y]=0;
97              view[cube_x][cube_y+40]=0;
98              view[cube_x+40][cube_y+40]=0;break;
99          case 2:
100             view[cube_x][cube_y]=0;
101             view[cube_x+40][cube_y]=0;
102             view[cube_x+40][cube_y+40]=0;
103             view[cube_x+80][cube_y+40]=0;break;
104         case 3:
105             view[cube_x][cube_y]=0;
106             view[cube_x+40][cube_y]=0;
107             view[cube_x][cube_y+40]=0;
108             view[cube_x-40][cube_y+40]=0;break;
109         case 4:
110             view[cube_x][cube_y]=0;
111             view[cube_x+40][cube_y]=0;
112             view[cube_x+80][cube_y]=0;
113             view[cube_x+120][cube_y]=0;break;
114         case 5:
115             view[cube_x][cube_y]=0;
116             view[cube_x][cube_y+40]=0;
117             view[cube_x+40][cube_y+40]=0;
118             view[cube_x+80][cube_y+40]=0;break;
119         case 6:
120             view[cube_x][cube_y]=0;
121             view[cube_x][cube_y+40]=0;
122             view[cube_x-40][cube_y+40]=0;
123             view[cube_x-80][cube_y+40]=0;break;
124         case 7:
125             view[cube_x][cube_y]=0;
126             view[cube_x][cube_y+40]=0;
127             view[cube_x-40][cube_y+40]=0;
128             view[cube_x+40][cube_y+40]=0;break;
129         }
130
131     switch(kind)                            // 用来判断各种方块是否应该下落
132     {
133         case 0:
134             if(view[cube_x][bottom_y+40]!=1&&bottom_y<760)
135             {
136                 a++;
137                 if(a>400)
```

```
138                 {
139                     cube_y+=40;
140                         a=0;
141                 }
142             }
143             else
144                 v=0;search();break;
145         case 1:
146             if(view[cube_x][bottom_y+40]!=1&&bottom_y<760)
147             {
148                 a++;
149                 if(a>400)
150                 {
151                     cube_y+=40;
152                     a=0;
153                 }
154             }
155             else
156                 v=0;search();break;
157         case 2:
158             if(view[cube_x+40][bottom_y+40]!=1&&
                   view[cube_x+80][bottom_y+40]!=1&& bottom_y<760)
159             {
160                 a++;
161                 if(a>400)
162                 {
163                     cube_y+=40;
164                     a=0;
165                 }
166             }
167             else
168                 v=0;search();break;
169         case 3:
170             if(view[cube_x][bottom_y+40]!=1&&
                   view[cube_x-40][bottom_y+40]!=1&&bottom_y<760)
171             {
172                 a++;
173                 if(a>400)
174                 {
175                     cube_y+=40;
176                     a=0;
177                 }
178             }
```

```
179             else
180                 v=0;search();break;
181         case 4:
182             if(view[cube_x][bottom_y+40]!=1&&
                   view[cube_x+40][bottom_y+40]!=1&&
                   view[cube_x+80][bottom_y+40]!=1&&
                   view[cube_x+120][bottom_y+40]!=1&&bottom_y<760)
183             {
184                 a++;
185                 if(a>200)
186                 {
187                     cube_y+=40;
188                     a=0;
189                 }
190             }
191             else
192                 v=0;search();break;
193         case 5:
194             if(view[cube_x][bottom_y+40]!=1&&
                   view[cube_x+40][bottom_y+40]!=1&&
                   view[cube_x+80][bottom_y+40]!=1&&bottom_y<760)
195             {
196                 a++;
197                 if(a>400)
198                 {
199                     cube_y+=40;
200                     a=0;
201                 }
202             }
203             else
204                 v=0;search();break;
205         case 6:
206             if(view[cube_x][bottom_y+40]!=1&&
                   view[cube_x-40][bottom_y+40]!=1&&
                   view[cube_x-80][bottom_y+40]!=1&&bottom_y<760)
207             {
208                 a++;
209                 if(a>400)
210                 {
211                     cube_y+=40;
212                     a=0;
213                 }
214             }
```

```
215             else
216                 v=0;search();break;
217         case 7:
218             if(view[cube_x][bottom_y+40]!=1&&
                   view[cube_x+40][bottom_y+40]!=1&&
                   view[cube_x-40][bottom_y+40]!=1&&bottom_y<760)
219             {
220                 a++;
221                 if(a>400)
222                 {
223                     cube_y+=40;
224                     a=0;
225                 }
226             }
227             else
228                 v=0;search();break;
229     }
230     switch(kind)                        // 实现各种方块的绘制
231     {
232 
233         case 0:
234             view[cube_x][cube_y]=1;
235             view[cube_x+40][cube_y]=1;
236         view[cube_x][cube_y+40]=1;
237         view[cube_x+40][cube_y+40]=1;break;
238     case 1:
239         view[cube_x][cube_y]=1;
240         view[cube_x+40][cube_y]=1;
241         view[cube_x][cube_y+40]=1;
242         view[cube_x+40][cube_y+40]=1;break;
243     case 2:
244         view[cube_x][cube_y]=1;
245         view[cube_x+40][cube_y]=1;
246         view[cube_x+40][cube_y+40]=1;
247         view[cube_x+80][cube_y+40]=1;break;
248     case 3:
249         view[cube_x][cube_y]=1;
250         view[cube_x+40][cube_y]=1;
251         view[cube_x][cube_y+40]=1;
252         view[cube_x-40][cube_y+40]=1;break;
253     case 4:
254         view[cube_x][cube_y]=1;
255         view[cube_x+40][cube_y]=1;
```

```
256            view[cube_x+80][cube_y]=1;
257            view[cube_x+120][cube_y]=1;break;
258        case 5:
259            view[cube_x][cube_y]=1;
260            view[cube_x][cube_y+40]=1;
261            view[cube_x+40][cube_y+40]=1;
262            view[cube_x+80][cube_y+40]=1;break;
263        case 6:
264            view[cube_x][cube_y]=1;
265            view[cube_x][cube_y+40]=1;
266            view[cube_x-40][cube_y+40]=1;
267            view[cube_x-80][cube_y+40]=1;break;
268        case 7:
269            view[cube_x][cube_y]=1;
270            view[cube_x][cube_y+40]=1;
271            view[cube_x-40][cube_y+40]=1;
272            view[cube_x+40][cube_y+40]=1;break;
273        }
274 }
275 void search()                              // 满一行消除，同时上一行全部下移
276 {
277        int x,y,j;
278        int number=0;
279        for(y=0;y<800;y+=40)
280        {
281            for(x=0;x<800;x+=40)
282            {
283                if(view[x][y]==1)
284                {
285                    number++;
286                }
287            }
288            if(number==20)
289            {
290                j=0;
291                while(j<=760)
292                {
293                    view[j][y]=0;
294                    j+=40;
295                }
296                j=y-40;
297                for(;j>=0;j-=40)
298                    for(x=0;x<800;x+=40)
```

```
299                 {
300                     if(view[x][j]==1)
301                     {
302                         view[x][j]=0;
303                         view[x][j+40]=1;
304                     }
305                 }
306         }
307         number=0;
308     }
309 }
310
311
312 void updatewithpeople()
313 {
314
315     if(GetAsyncKeyState(0x41)&0x8000)                  // 向左移动
316     {
317         Sleep(10);
318         if(GetAsyncKeyState(0x41)&0x8000)              // 进行消抖
319         {
320             if(cube_x>=0)
321             {
322                 cube_x-=40;
323                 switch(kind)                           // 清除右边的方块
324                 {
325                     case 0:view[cube_x+80][cube_y]=0;
                           view[cube_x+80][cube_y+40]=0;
                           break;
326                     case 1:view[cube_x+80][cube_y]=0;
                           view[cube_x+80][cube_y+40]=0;
                           break;
327                     case 2:view[cube_x+80][cube_y]=0;
                           view[cube_x+120][cube_y+40]=0;
                           break;
328                     case 3:view[cube_x+80][cube_y]=0;
                           view[cube_x+40][cube_y+40]=0;
                           break;
329                     case 4:view[cube_x+160][cube_y]=0;
                           break;
330                     case 5:view[cube_x+40][cube_y]=0;
                           view[cube_x+120][cube_y+40]=0;
                           break;
```

```
331                     case 6:view[cube_x+40][cube_y]=0;
                               view[cube_x+40][cube_y+40]=0;
                               break;
332                     case 7:view[cube_x+40][cube_y]=0;
                               view[cube_x+80][cube_y+40]=0;
                               break;
333                 }
334             }
335         }
336         while(GetAsyncKeyState(0x41)&0x8000);
337     }
338     if(GetAsyncKeyState(0x44)&0x8000)                    // 向右移动
339     {
340         Sleep(10);
341         if(GetAsyncKeyState(0x44)&0x8000)
342         {
343             if(cube_x<=800)
344             {
345                 cube_x+=40;
346                 switch(kind)                              // 清除左边的方块
347                 {
348                     case 0:view[cube_x-40][cube_y]=0;
                               view[cube_x-40][cube_y+40]=0;
                               break;
349                     case 1:view[cube_x-40][cube_y]=0;
                               view[cube_x-40][cube_y+40]=0;
                               break;
350                     case 2:view[cube_x-40][cube_y]=0;
                               view[cube_x][cube_y+40]=0;
                               break;
351                     case 3:view[cube_x-40][cube_y]=0;
                               view[cube_x-80][cube_y+40]=0;
                               break;
352                     case 4:view[cube_x-40][cube_y]=0;
                               break;
353                     case 5:view[cube_x-40][cube_y]=0;
                               view[cube_x-40][cube_y+40]=0;
                               break;
354                     case 6:view[cube_x-40][cube_y]=0;
                               view[cube_x-120][cube_y+40]=0;
                               break;
355                     case 7:view[cube_x-40][cube_y]=0;
                               view[cube_x-80][cube_y+40]=0;
                               break;
```

```
356                 }
357             }
358         }
359         while(GetAsyncKeyState(0x44)&0x8000);
360     }
361 }
```

读者需要注意两点：

（1）当玩家按着键盘不动时，GetAsyncKeyState()函数会一直响应，这就意味着当玩家按下 a 键时，方块瞬间“消失”，这不是显示的问题，而是方块左移到很远的地方去了。有的计算机会报错，有的计算机会直接闪退，因为这超出了二维数组 view[][]的界限，所以我们需要添加“消抖”功能。因为键盘是物理按键，存在抖动问题，虽然可以使用硬件来“消抖”，但是成本颇高，通常采用软件“消抖”，也就是添加延迟函数。先判断按键是否被按下，然后延迟一会再判断。如果仍然被按下，就进行相应的处理，处理完成后，还需要抬起“消抖”，也就是添加 while（GetAsyncKeyState(0x44)&0x8000)）。这段代码的功能是：当按键 d 处于按压状态时，进入死循环，直到抬起按键 d 才进行下一步操作。

（2）平移问题，当玩家按下左平移的时候，操作是 cube_x 减 40，这没有问题。但是当程序进入 updatewithoutpeople()函数时，问题就来了。这个函数设置了相应的消除功能，也就是消除了方块下移后原本处在上方的方块，但是玩家按下左移键后，cube_x 的值发生了改变，就导致消除方块时，原方块最右边的方块不能消除，因为对应坐标的 view[][]值为 1。这就需要我们在 cube_x 发生改变后立马清除方块相应的边缘方块。

总结下来，笔者认为难点就是方块下落的判断，以及左右平移时方块的清除。读者如果理解了其中的算法，编写一个俄罗斯方块游戏就没有问题了。

截至目前，还有一个旋转功能和游戏结束功能没有完善，其实原理很简单，交给各位读者来完成这最后一步吧。

注　意
旋转时，每个方块的旋转方式都不一样。

12.6 二级 C 语言真题练习

（1）以下叙述中正确的是（B）。

A　使用 typedef 说明新类型名时，其格式是：typedef 新类型名 原类型名；
B　在程序中，允许用 typedef 来定义一种新的类型名
C　使用 typedef 定义新类型名时后面不能加分号
D　在使用 typedef 改变原类型的名称后，只能使用新的类型名

（2）以下叙述中正确的是（D）。

A　结构类型中各个成分的类型必须是一致的
B　结构类型中的成分只能是 C 语言中预先定义的基本数据类型
C　在定义结构类型时，编译程序就为它分配了内存空间
D　一个结构类型可以由多个称为成员（或域）的成分组成

（3）设有如下语句：

```
typedef struct Date{
    int year;
    int month;
    int day;
}
```

则以下叙述中错误的是（A）。

A　Date 是用户定义的结构类型的变量
B　struct Date 是用户定义的结构类型
C　Date 是用户定义的新结构类型名
D　struct 是结构类型的关键字

（4）有如下的定义和声明：

```
struct{
   int a;
   char *s;
}x,*p=&x;
x.a=4;
x.s="hello";
```

则以下叙述中正确的是（C）。

A　(p++)->a 与 p++->a 都是合法的表达式，但二者不等价
B　语句++p->a; 的效果是使 p 增加 1
C　语句++p->a; 的效果是使成员 a 增加 1
D　语句 p->s++; 等价于(*p)->s++;

（5）以下叙述中正确的是（B）。

A　函数的返回值不能是结构类型
B　在调用函数时可以将结构变量作为实参传给函数
C　函数的返回值不能是结构指针类型
D　结构数组不能作为参数传给函数

第 13 章

实战——大型游戏“超级马里奥”

本章讲解一款风靡全球的游戏——超级马里奥（Super Mario），它的知名度不必多说，毕竟是任天堂的当家“花旦”。超级马里奥这款游戏大概在计算机还没有那么流行的时候就已经超级流行了，很多游戏机上面都自带一款马里奥。马里奥游戏有各种关卡，各种小彩蛋，每当发现隐藏关卡的时候，真是比考 100 分还令人兴奋。

好了，话不多说，现在介绍如何自己编写一个类似超级马里奥的游戏。

13.1 搭建游戏框架

首先，把游戏框架建立起来，示例 13.1 是基本函数框架。

【示例 13.1】

```
01  #include<stdio.h>
02  #include <graphics.h>                          // 包含图形库头文件
03  #include <conio.h>
04  #include <windows.h>
05  #include <stdlib.h>
06  void updatewithpeople();                       // 与用户输入有关的函数
07  void updatewithoutpeople();                    // 与用户输入无关的函数
08  void star();                                   // 初始化函数
09  void show();                                   // 显示函数
10  void gameover();                               // 游戏结束
11  int main()
12  {
13      star();
14      while(1)
15      {
16       updatewithpeople();
17       updatewithoutpeople();
18       show();
19      }
```

```
20        return 0;
21    }
22    void updatewithpeople()                    // 与用户输入有关的函数
23    {}
24    void updatewithoutpeople()                 // 与用户输入无关的函数
25    {}
26    void star()                                // 初始化函数
27    {}
28    void show()                                // 显示函数
29    {}
30    void gameover()                            // 游戏结束
31    {}
```

13.2 游戏初始化

在 star()函数里面进行相应的初始化，具体有游戏窗口的绘制、背景图片的插入、马里奥坐标的初始化、马里奥运动速度的初始化等，参见示例 13.2。

【示例 13.2】

```
01    #include <stdio.h>
02    #include <graphics.h>                      // 包含图形库头文件
03    #include <conio.h>
04    #include <windows.h>
05    #include <stdlib.h>
06    int hight=504;
07    int width=1008;                            // 定义游戏窗口的大小
08
09    int rwhight=131;                           // 定义马里奥的大小
10    int rwwidth=134;
11
12    float v=0;                                 // 马里奥的上升速度
13    float v1=0;                                // 马里奥的下降速度
14
15    float rw_x,rw_y;                           // 马里奥坐标
16    float bj_x;                                // 背景坐标
17
18    void updatewithpeople();                   // 与用户输入有关的函数
19    void updatewithoutpeople();                // 与用户输入无关的函数
20    void star();                               // 初始化函数
21    void show();                               // 显示函数
22    void gameover();                           // 游戏结束
```

```
23 int main()
24 {
25     star();
26     while(1)
27     {
28         updatewithpeople();
29         updatewithoutpeople();
30         show();
31     }
32     return 0;
33 }
34 void updatewithpeople()                // 与用户输入有关的函数
35 {}
36 void updatewithoutpeople()             // 与用户输入无关的函数
37 {}
38 void star()                            // 初始化函数
39 {
40     initgraph(width, hight);           // 创建绘图窗口，大小为1008×504像素
41     loadimage(&img_bk,_T("C:\\game\\图片素材\\背景.jpg"));
42     loadimage(&img_rw,_T("C:\\game\\图片素材\\马里奥.jpg"));
43     loadimage(&img_rw2,_T("C:\\game\\图片素材\\马里奥掩码图.jpg"));
44     loadimage(&img_gw,_T("C:\\game\\图片素材\\野怪2.jpg"));
45     loadimage(&img_gw2,_T("C:\\game\\图片素材\\野怪2掩码图.jpg"));
46     // 初始化马里奥的坐标
47     rw_x=33;
48     rw_y=300;
49 }
50 void show()                                      // 显示函数
51 {}
52 void gameover()                                  // 游戏结束
53 {}
```

13.3 输出背景和马里奥

第 9 章介绍过 EasyX 函数库怎么插入图片，如果要获得没有边框的马里奥，我们需要制作掩码图（见图 13.1），并且在 show()函数中先输出掩码图，再输出原图，就可以得到没有边框的马里奥。

现在修改 show()函数，让其输出背景和马里奥，参见示例 13.3 的相关修改。

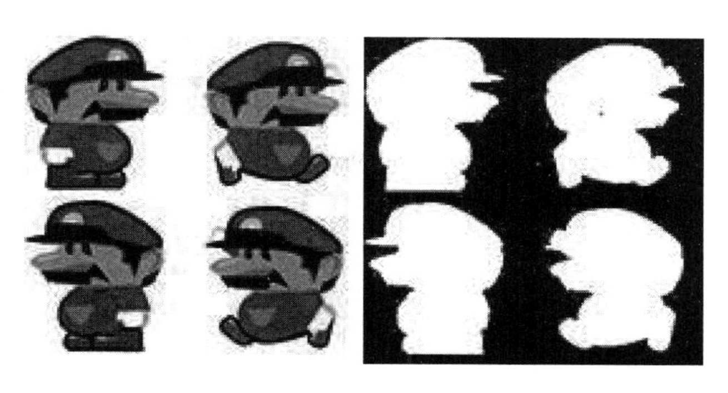

图 13.1　掩码图

【示例 13.3】

```
01  #include<stdio.h>
02  #include <graphics.h>                         // 包含图形库头文件
03  #include <conio.h>
04  #include <windows.h>
05  #include <stdlib.h>
06  int hight=504;
07  int width=1008;                               // 定义游戏窗口的大小
08
09  int rwhight=131;                              // 定义马里奥的大小
10  int rwwidth=134;
11
12  float v=0;                                    // 马里奥的上升速度
13  float v1=0;                                   // 马里奥的下降速度
14
15  float rw_x,rw_y;                              // 马里奥坐标
16  float bj_x;                                   // 背景坐标
17
18  void updatewithpeople();                      // 与用户输入有关的函数
19  void updatewithoutpeople();                   // 与用户输入无关的函数
20  void star();                                  // 初始化函数
21  void show();                                  // 显示函数
22  void gameover();                              // 游戏结束
23  int main()
24  {
25      star();
26      while(1)
27      {
28          updatewithpeople();
29          updatewithoutpeople();
30          show();
31      }
32      return 0;
```

```
33  }
34  void updatewithpeople()                          // 与用户输入有关的函数
35  {}
36  void updatewithoutpeople()                       // 与用户输入无关的函数
37  {}
38  void star()                                      // 初始化函数
39  {
40      initgraph(width, hight);                     // 创建绘图窗口，大小为1008×504像素
41      loadimage(&img_bk,_T("C:\\game\\图片素材\\背景.jpg"));
42      loadimage(&img_rw,_T("C:\\game\\图片素材\\马里奥.jpg"));
43      loadimage(&img_rw2,_T("C:\\game\\图片素材\\马里奥掩码图.jpg"));
44      loadimage(&img_gw,_T("C:\\game\\图片素材\\野怪2.jpg"));
45      loadimage(&img_gw2,_T("C:\\game\\图片素材\\野怪2掩码图.jpg"));
46      // 初始化马里奥的坐标
47      rw_x=33;
48      rw_y=300;
49  }
50  void show()                                                // 显示函数
51  {
52      BeginBatchDraw();
53      putimage(0,0,width,hight,&img_bk,bj_x,0);  // 输出背景图片
54      putimage(rw_x,rw_y,rwwidth/2,rwhight/2,&img_rw2,0,0, NOTSRCERASE);
                                                           // 输出向右边走的马里奥
55      putimage(rw_x,rw_y,rwwidth/2,rwhight/2,&img_rw,0,0,SRCINVERT);
FlushBatchDraw();
56  }
57  void gameover()                                            // 游戏结束
58  {}
```

现在可以输出马里奥了，尝试运行程序，效果如图 13.2 所示。

图 13.2　运行效果

13.4 让马里奥动起来

到目前为止，马里奥已经成功显示在屏幕上，但还不能动起来。前面 show()函数中的 BeginBatchDraw()和 FlushBatchDraw()函数对于角色动起到关键作用，有了这两个函数，玩游戏时才不会出现卡顿的现象。关键是怎么获取键盘信息呢？其实用 GetAsyncKeyState()函数就可以。现在修改 updatewithpeople()函数，让马里奥动起来，参见示例 13.4。

【示例 13.4】

```
01 #include <stdio.h>
02 #include <graphics.h>                              // 包含图形库头文件
03 #include <conio.h>
04 #include <windows.h>
05 #include <stdlib.h>
06 int hight=504;
07 int width=1008;                                    // 定义游戏窗口的大小
08
09 int rwhight=131;                                   // 定义马里奥的大小
10 int rwwidth=134;
11
12 float v=0;                                         // 马里奥的上升速度
13 float v1=0;                                        // 马里奥的下降速度
14
15 int holdback[10320][504]={0};                      // 设置地图上障碍物的二维数组
16
17 float rw_x,rw_y;                                   // 马里奥坐标
18 float bj_x;                                        // 背景坐标
19
20 void updatewithpeople();                           // 与用户输入有关的函数
21 void updatewithoutpeople();                        // 与用户输入无关的函数
22 void star();                                       // 初始化函数
23 void show();                                       // 显示函数
24 void gameover();                                   // 游戏结束
25 int main()
26 {
27     star();
28     while(1)
29     {
30         updatewithpeople();
31         updatewithoutpeople();
32         show();
```

```
33      }
34      return 0;
35  }
36  void updatewithpeople()                              // 与用户输入有关的函数
37  {
38      if((GetAsyncKeyState(0x41)&0x8000))              // 向左移动
39      {
40          if(holdback[x+x1-1][y]==0)
41          {
42              i=0;
43              j=!j;
44              rw_x-=0.5;
45              if(rw_x<0&&bj_x>1)
46              {
47                  rw_x=0;
48                  bj_x-=0.5;
49              }
50          }
51      }
52
53      if((GetAsyncKeyState(0x44)&0x8000))              // 向右移动
54      {
55          if(holdback[x+x1+66][y]==0)
56          {
57              i=1;
58              j=!j;
59              rw_x+=0.5;
60              if(rw_x>504&&bj_x<10320-1008)    // 移动到中间，背景开始移动
61              {
62                  rw_x=504;
63                  bj_x+=0.5;
64              }
65          }
66      }
67
68      if((GetAsyncKeyState(VK_SPACE)&0x8000))
69      {
70          if(holdback[x+x1+33][y+66]==1)  // 满足马里奥落地后才能跳跃的条件
71          v=300;
72      }
73  }
74
75  void updatewithoutpeople()                           // 与用户输入无关的函数
```

```
76 {}
77 void star()                                   // 初始化函数
78 {
79     initgraph(width, hight);                  // 创建绘图窗口，大小为1008×504像素
80     loadimage(&img_bk,_T("C:\\game\\图片素材\\背景.jpg"));
81     loadimage(&img_rw,_T("C:\\game\\图片素材\\马里奥.jpg"));
82     loadimage(&img_rw2,_T("C:\\game\\图片素材\\马里奥掩码图.jpg"));
83     loadimage(&img_gw,_T("C:\\game\\图片素材\\野怪2.jpg"));
84     loadimage(&img_gw2,_T("C:\\game\\图片素材\\野怪2掩码图.jpg"));
85     // 初始化马里奥的坐标
86     rw_x=33;
87     rw_y=300;
88 }
89 void show()                                              // 显示函数
90 {
91     BeginBatchDraw();
92     putimage(0,0,width,hight,&img_bk,bj_x,0);    // 输出背景图片
93     putimage(rw_x,rw_y,rwwidth/2,rwhight/2,&img_rw2,0,0,
              NOTSRCERASE);                              // 输出向右边走的马里奥
94     putimage(rw_x,rw_y,rwwidth/2,rwhight/2,&img_rw,0,0,SRCINVERT);
95     FlushBatchDraw();
96 }
97 void gameover()                                          // 游戏结束
98 {}
```

在这段程序中，我们只是让马里奥可以“动”了，但是有很多问题，比如：

（1）马里奥动起来很僵硬，只是一张图片在向右移动，完全没有“走动”的感觉，这显然是需要改进的。

（2）当马里奥运动到屏幕右侧时就无法再动了，只能停住，所以还需要添加程序，让马里奥的“背景”动起来。

（3）障碍物的问题，马里奥的地图中有各种各样的障碍物，需要编写代码完善这些障碍物。

现在来解决第 1 个问题，添加一些代码，让马里奥具备“运动感”。这其实很简单，让马里奥图片中的上下两个任务交替显示就行，利用人眼的视觉暂留效应就可以得到“运动感”。同时，还需要一个变量来确定显示哪一张图片，我们在 show()函数中做出相应改变，参见示例 13.5。

【示例 13.5】

```
01 #include <stdio.h>
02 #include <graphics.h>                        // 包含图形库头文件
03 #include <conio.h>
```

```
04  #include <windows.h>
05  #include <stdlib.h>
06  int hight=504;
07  int width=1008;                              // 定义游戏窗口的大小
08
09  int rwhight=131;                             // 定义马里奥的大小
10  int rwwidth=134;
11
12  float v=0;                                   // 马里奥的上升速度
13  float v1=0;                                  // 马里奥的下降速度
14
15  int holdback[10320][504]={0};                // 设置地图上障碍物的二维数组
16
17  float rw_x,rw_y;                             // 马里奥坐标
18  float bj_x;                                  // 背景坐标
19
20  char i=0;                                    // 用来定义马里奥的方向
21  char j=0;                                    // 用来体现马里奥的运动感
22
23  void updatewithpeople();                     // 与用户输入有关的函数
24  void updatewithoutpeople();                  // 与用户输入无关的函数
25  void star();                                 // 初始化函数
26  void show();                                 // 显示函数
27  void gameover();                             // 游戏结束
28  int main()
29  {
30      star();
31      while(1)
32      {
33          updatewithpeople();
34          updatewithoutpeople();
35          show();
36      }
37      return 0;
38  }
39  void updatewithpeople()                          // 与用户输入有关的函数
40  {
41      if((GetAsyncKeyState(0x41)&0x8000))          // 向左移动
42      {
43          if(holdback[x+x1-1][y]==0)
44          {
45              i=0;
46              j=!j;
```

```
47                rw_x-=0.5;
48                if(rw_x<0&&bj_x>1)
49                {
50                    rw_x=0;
51                    bj_x-=0.5;
52                }
53            }
54        }
55
56        if((GetAsyncKeyState(0x44)&0x8000))       // 向右移动
57        {
58            if(holdback[x+x1+66][y]==0)
59            {
60                i=1;
61                j=!j;
62                rw_x+=0.5;
63                if(rw_x>504&&bj_x<10320-1008)   // 移动到中间，背景开始移动
64                {
65                    rw_x=504;
66                    bj_x+=0.5;
67                }
68            }
69        }
70
71        if((GetAsyncKeyState(VK_SPACE)&0x8000))
72        {
73            if(holdback[x+x1+33][y+66]==1) // 满足马里奥落地后才能跳跃的条件
74                v=300;
75        }
76    }
77
78    void updatewithoutpeople()                  // 与用户输入无关的函数
79    {}
80    void star()                                 // 初始化函数
81    {
82        initgraph(width, hight);                // 创建绘图窗口，大小为1008×504像素
83        loadimage(&img_bk,_T("C:\\game\\图片素材\\背景.jpg"));
84        loadimage(&img_rw,_T("C:\\game\\图片素材\\马里奥.jpg"));
85        loadimage(&img_rw2,_T("C:\\game\\图片素材\\马里奥掩码图.jpg"));
86        loadimage(&img_gw,_T("C:\\game\\图片素材\\野怪2.jpg"));
87        loadimage(&img_gw2,_T("C:\\game\\图片素材\\野怪2掩码图.jpg"));
88        // 初始化马里奥的坐标
89        rw_x=33;
```

```
90      rw_y=300;
91  }
92
93  void show()                                         // 显示函数
94  {
95      BeginBatchDraw();
96      putimage(0,0,width,hight,&img_bk,bj_x,0);   // 输出背景图片
97      if(i==1)
98      {
99          if(j==0)
100         {
101             putimage(rw_x,rw_y,rwwidth/2,rwhight/2,&img_rw2,0,0,
                        NOTSRCERASE);                  // 输出向右边走的马里奥
102             putimage(rw_x,rw_y,rwwidth/2,rwhight/2,&img_rw,0,0,
                        SRCINVERT);
103         }
104         else
105         {
106             // 输出马里奥
107             putimage(rw_x,rw_y,rwwidth/2,rwhight/2,&img_rw2,
                        rwwidth/2,0,NOTSRCERASE);
108             putimage(rw_x,rw_y,rwwidth/2,rwhight/2,&img_rw,
                        rwwidth/2,0,SRCINVERT);
109         }
110     }
111     else
112     {
113         if(j==0)
114         {
115             // 输出向左走的马里奥
116             putimage(rw_x,rw_y,rwwidth/2,rwhight/2,&img_rw2,0,
                        rwhight/2,NOTSRCERASE);
117         putimage(rw_x,rw_y,rwwidth/2,rwhight/2,&img_rw,0,
                        rwhight/2,SRCINVERT);
118         }
119         else
120         {
121             // 输出马里奥
122             putimage(rw_x,rw_y,rwwidth/2,rwhight/2,&img_rw2,
                        rwwidth/2,rwhight/2,NOTSRCERASE);
123             putimage(rw_x,rw_y,rwwidth/2,rwhight/2,&img_rw,
                        rwwidth/2,rwhight/2,SRCINVERT);
124         }
```

```
125     }
126     FlushBatchDraw();
127 }
128
129 void gameover()                                    // 游戏结束
130 {}
```

如果读者仔细观察的话，就会发现问题（2）已经解决了，解决方法就是当马里奥移动到屏幕中间时，rw_x 不变，取而代之的是背景坐标加 1，同理，当马里奥移动到屏幕左边时，背景坐标减 1。

13.5 障碍物

怎么实现障碍物的初始化呢？如果不嫌麻烦，那么可以定义一个和背景图片大小相同的二维数组，数组中每一个单元对应图片中每一个像素点，再将这些像素点逐个赋值，以区别其他像素点。但是这样太麻烦了。不仅如此，我们人工寻找像素点时难免会出现一些纰漏，导致程序出现 Bug。所以，这种逐个赋值的方法不可取，那该怎么办？只需要修改原图即可。图 13.3 是修改后的部分原图。

图 13.3　修改后的部分原图

很显然，将原背景图片中的障碍物部分涂成了红色，红色的 RGB 是（255,0,0），我们完全可以利用这个特性让计算机帮我们初始化，参见示例 13.6。

【示例 13.6】

```
01 #include <stdio.h>
02 #include <graphics.h>                         // 包含图形库头文件
03 #include <conio.h>
04 #include <windows.h>
05 #include <stdlib.h>
06 int hight=504;
07 int width=1008;
```

```
08
09  int rwhight=131;
10  int rwwidth=134;
11
12  int holdback[10320][504]={0};                    // 设置地图上障碍物的二维数组
13  int red[504][10320];
14  int yellow[504][10320];
15  int blue[504][10320];
16
17  char i=0;                                        // 用来定义马里奥的方向
18  char j=0;                                        // 用来体现马里奥的运动感
19
20  float v=0;                                       // 马里奥的上升速度
21  float v1=0;                                      // 马里奥的下降速度
22
23  float rw_x,rw_y;
24  float bj_x;
25  IMAGE img_rw2,img_gw2;                           // 定义背景、人物、怪物图片的掩码图
26  IMAGE img_bk,img_rw,img_gw;                      // 定义背景、人物、怪物图片
27  IMAGE img_redbj;
28  void updatewithpeople();                         // 与用户输入有关的函数
29  void updatewithoutpeople();                      // 与用户输入无关的函数
30  void star();                                     // 初始化函数
31  void show();                                     // 显示函数
32  void gameover();                                 // 游戏结束
33
34  int main()
35  {
36      star();
37      while(1)
38      {
39          updatewithpeople();
40          updatewithoutpeople();
41          show();
42      }
43      return 0;
44  }
45  void updatewithpeople()
46  {
47     int x,x1,y;
48      x=(int)rw_x;
49      x1=(int)bj_x;
50      y=(int)rw_y;                               // 进行强制类型转换，因为数组是 int 类型
```

```
51      if((GetAsyncKeyState(0x41)&0x8000))  // 向左移动
52      {
53          if(holdback[x+x1-1][y]==0)
54          {
55              i=0;
56              j=!j;
57              rw_x-=0.5;
58              if(rw_x<0&&bj_x>1)
59              {
60                  rw_x=0;
61                  bj_x-=0.5;
62              }
63          }
64      }
65
66      if((GetAsyncKeyState(0x44)&0x8000))      // 向右移动
67      {
68          if(holdback[x+x1+66][y]==0)
69          {
70              i=1;
71              j=!j;
72              rw_x+=0.5;
73              if(rw_x>504&&bj_x<10320-1008)   // 移动到中间，背景开始移动
74              {
75                  rw_x=504;
76                  bj_x+=0.5;
77              }
78          }
79      }
80
81      if((GetAsyncKeyState(VK_SPACE)&0x8000))
82      {
83          if(holdback[x+x1+33][y+66]==1)  // 满足马里奥落地后才能跳跃的条件
84          v=300;
85      }
86  }
87
88
89  void updatewithoutpeople()                  // 与玩家无关的函数
90  {
91      int x,x1,y;
92      x=(int)rw_x;
93      x1=(int)bj_x;
```

```
94      y=(int)rw_y;                          // 进行强制类型转换，因为数组是 int 类型
95      if(v>0)                               // 马里奥上升控制
96      {
97          rw_y-=1;
98          v--;
99          if(rw_y==0)                       // 到达顶部，停止上升
100         {
101             v=0;
102         }
103     }
104     if(v<=0&&holdback[x+x1+33][y+66]==0)    // 马里奥下降控制
105     {
106         rw_y+=1;
107         if(rw_y>=500)
108         {
109             gameover();
110         }
111     }
112 }
113 
114 void star()                               // 初始化函数
115 {
116     int i,j;
117     int x=0,y;
118     initgraph(width, hight);              // 创建绘图窗口，大小为1008×504像素
119     loadimage(&img_bk,_T("C:\\game\\图片素材\\背景.jpg"));
120     loadimage(&img_rw,_T("C:\\game\\图片素材\\马里奥.jpg"));
121     loadimage(&img_rw2,_T("C:\\game\\图片素材\\马里奥掩码图.jpg"));
122     loadimage(&img_gw,_T("C:\\game\\图片素材\\野怪2.jpg"));
123     loadimage(&img_gw2,_T("C:\\game\\图片素材\\野怪2掩码图.jpg"));
124     // 初始化马里奥的坐标
125     rw_x=33;
126     rw_y=300;
127     // 初始化障碍物的坐标，用函数提取图片中的红色区域坐标，再赋值
128     loadimage(&img_redbj,_T("C:\\game\\图片素材\\red 背景.jpg"));
129     DWORD*pic;
130     pic=GetImageBuffer(&img_redbj);
131     for(i=0;i<504;i++)
132         for(j=0;j<10320;j++)
133         {
134             red[i][j]=GetRValue(pic[x]);
135             yellow[i][j]=GetGValue(pic[x]);
136             blue[i][j]=GetBValue(pic[x]);
```

```
137             x++;
138         }
139     for(i=0;i<504;i++)
140         for(j=0;j<10320;j++)
141         {
142             if(red[i][j]==0&&blue[i][j]>=250&&gllow[i][j]==0)
143             {
144                 holdback[j][i]=1;
145             }
146         }
147 }
148
149 void show()
150 {
151     BeginBatchDraw();
152     putimage(0,0,width,hight,&img_bk,bj_x,0);  // 输出背景图片
153     if(i==1)
154     {
155         if(j==0)
156         {
157             putimage(rw_x,rw_y,rwwidth/2,rwhight/2,
                        &img_rw2,0,0,NOTSRCERASE);
                                                 // 输出向右边走的马里奥
158             putimage(rw_x,rw_y,rwwidth/2,rwhight/2,
                        &img_rw,0,0,SRCINVERT);
159         }
160         else
161         {
162             putimage(rw_x,rw_y,rwwidth/2,rwhight/2,
                        &img_rw2,rwwidth/2,0,NOTSRCERASE);
                                                 // 输出马里奥
163             putimage(rw_x,rw_y,rwwidth/2,rwhight/2,
                        &img_rw,rwwidth/2,0,SRCINVERT);
164         }
165
166     }
167     else
168     {
169         if(j==0)
170         {
171             putimage(rw_x,rw_y,rwwidth/2,rwhight/2,
                        &img_rw2,0,rwhight/2,NOTSRCERASE);
                                                 // 输出向左走的马里奥
```

```
172            putimage(rw_x,rw_y,rwwidth/2,rwhight/2,
                       &img_rw,0,rwhight/2,SRCINVERT);
173            }
174            else
175            {
176                putimage(rw_x,rw_y,rwwidth/2,rwhight/2,
                           &img_rw2,rwwidth/2,rwhight/2,NOTSRCERASE);
                                                      // 输出马里奥
177                putimage(rw_x,rw_y,rwwidth/2,rwhight/2,
                           &img_rw,rwwidth/2,rwhight/2,SRCINVERT);
178            }
179        }
180
181        FlushBatchDraw();
182 }
183 void gameover()                                // 结束整个游戏
184 {
185     _getch();                                  // 按任意键继续
186     closegraph();                              // 关闭绘图窗口
187     printf("you lose");
188     Sleep(4000);
189     exit(0);
190 }
```

到目前为止，程序已经完善得差不多了。现在还缺少背景音乐和各种野怪，但是原理都和上述马里奥的实现一样，已经没有太大难度，唯一有难度的可能就是障碍物的初始化问题，读者需要知道一点，显存当中的 RED 和 BLUE 这两个颜色是反着的，所以 GetRValue()函数提取出来的其实是 RGB 中的蓝色，并且设置数组用来存储 RGB 的时候，要记住 X、Y 也是相反的。

剩下的功能交给读者去完成，读者可以根据自己的喜好添加相应的功能，比如子弹等。所以，看似很难的大型游戏，用 C 语言来实现其实并没有那么难。

后 序

未来学习计划

亲爱的读者，当你们读到这里的时候，本书已经到了尾声。想必读者收获了不少知识，也许你们对 C 语言还不是那么了解，仍然觉得自己还不够入门，这是正常的，因为本书讲解的都是非常基础的知识。当你学习的知识越多，就会发现自己不会的东西也越来越多。知识是无穷的，所以我们要不断去探索和学习无限的知识。

若读者还想进一步深入学习 C 语言，可以去看看 C 语言进阶的图书，进一步深究 C 语言的魅力。若读者发现对 C 语言已经没有多大兴趣了，想去学习其他语言，笔者推荐学习 Java。学习 Java 后，就会情不自禁地将 Java 语言和 C 语言作比较，笔者不会说哪门语言更好，只能说它们各有所长。

Java 语言和 C 语言的基本语法差不多，这部分学起来会很快，但是 Java 语言是面向对象的程序设计语言，而 C 语言是面向过程的程序设计语言，这是它们之间最大的不同。要学好 Java 语言，读者可能需要专门学习面向对象的程序设计方法。

学习 Java 需要搭建 Java 运行环境，不像 C 语言直接下载 Visual Studio 2010 就行了。学习 Java 语言要在官网下载（见图 1）相应的运行环境 Java SE，编译器可以选择 Eclipse（见图 2），它也是用来编写 Java 程序的集成开发环境（IDE）。

图 1　下载 Java SE

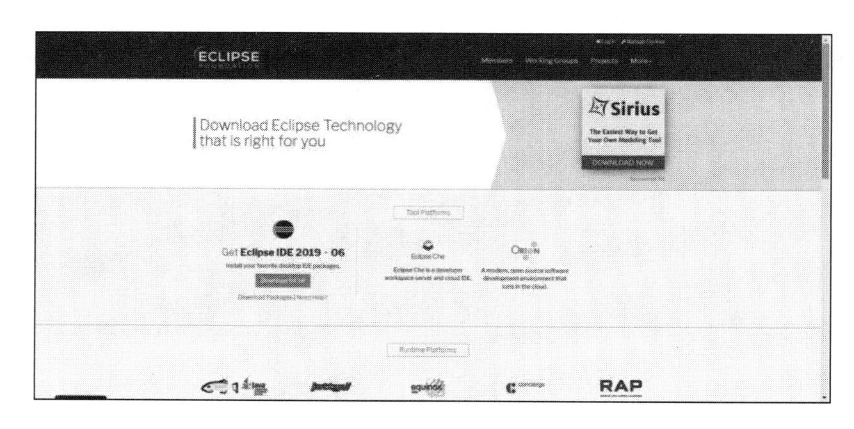

图 2　Eclipse 官网

Java 语言和 C++语言更为接近一些，因为 C++也是面向对象的程序设计语言，这两者选择其中一种学习即可。

在掌握 Java 语言后，若还想深入了解，则可以尝试开发安卓 App。安卓（Android）操作系统底层是使用 C/C++开发的，应用层则可使用 Java 和 Kotlin 等语言来开发，笔者推荐使用 Android Studio（见图 3）来开发安卓 App。

图 3　Android Studio 中文社区

Android Studio 中文社区是针对中国的 Java 爱好者设置的，其主页内容与官网同步更新，读者也可以去官网（见图 4）下载安装包。

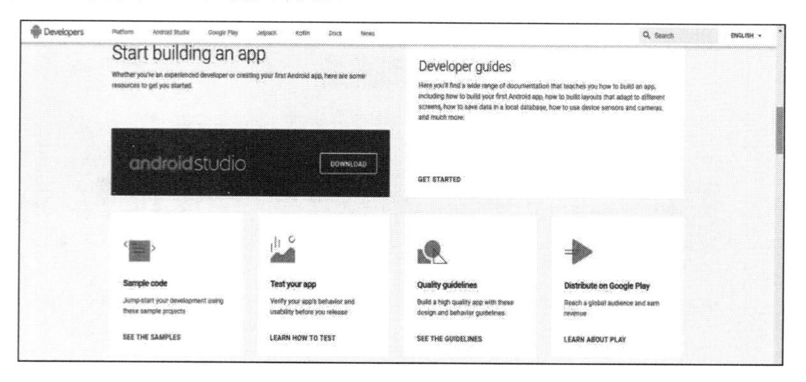

图 4　Android Studio 官网

若读者对机器人感兴趣，还可以去了解 Python 语言（见图 5），Python 语言是目前人工智能应用开发中大部分人都使用的语言，其独有的书写格式一度让笔者痴迷。

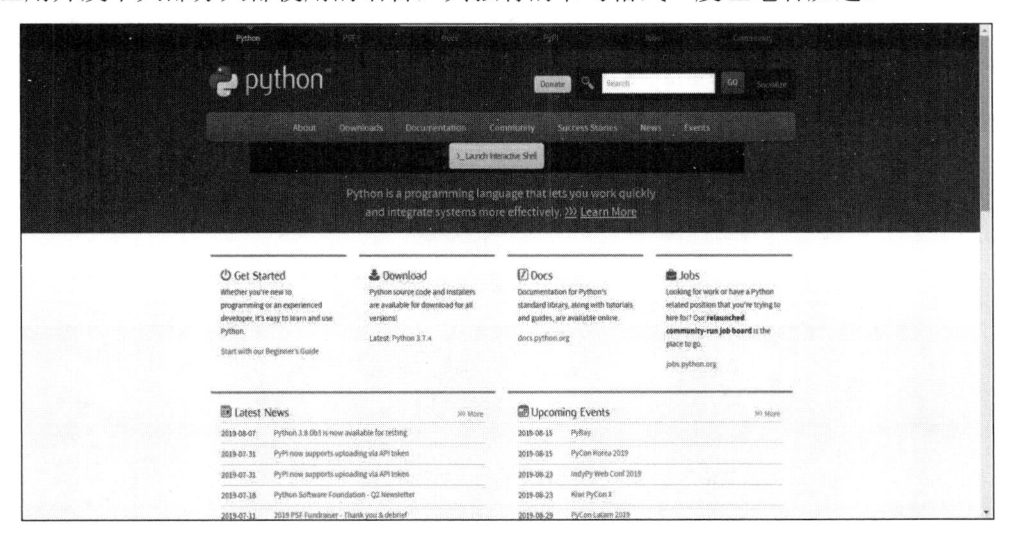

图 5　Python 官网

Python 语言可以说是近几年非常火热的一门语言。在 Python 语言中，程序员不用声明变量的类型，直接使用变量名就可以，这是因为 Python 是动态数据类型的语言。Python 语言通过程序语句之间的缩进来表示不同的程序区块，而不需要像 C 语言中要用大括号（{}）来标记出不同的程序区块。Python 语言是解释型的语言，它的执行是通过解释器，所以 Python 语言的运行速度要比编译型语言的慢一些，但这并不影响 Python 受欢迎的程度（见图 6）。

Aug 2020	Aug 2019	Change	Programming Language	Ratings	Change
1	2	^	C	16.98%	+1.83%
2	1	v	Java	14.43%	-1.60%
3	3		Python	9.69%	-0.33%
4	4		C++	6.84%	+0.78%
5	5		C#	4.68%	+0.83%
6	6		Visual Basic	4.66%	+0.97%
7	7		JavaScript	2.87%	+0.62%
8	20	^^	R	2.79%	+1.97%
9	8	v	PHP	2.24%	+0.17%
10	10		SQL	1.46%	-0.17%
11	17	^^	Go	1.43%	+0.45%
12	18	^^	Swift	1.42%	+0.53%
13	19	^^	Perl	1.11%	+0.25%
14	15	^	Assembly language	1.04%	-0.07%
15	11	vv	Ruby	1.03%	-0.28%
16	12	vv	MATLAB	0.86%	-0.41%
17	16	v	Classic Visual Basic	0.82%	-0.20%
18	13	vv	Groovy	0.77%	-0.46%
19	9	vv	Objective-C	0.76%	-0.93%
20	28	^^	Rust	0.74%	+0.29%

图 6　2020 年 8 月世界编程语言排行榜

由图 6 可见，Python 排名第三。

读者掌握了 Java 和 Python 后，可以尝试更改本书的游戏，用这些语言重写一遍，相信很快会发现各个语言的所长和所短。

若读者对硬件底层的开发感兴趣，可以尝试学习汇编语言。不过低级语言学习起来就很麻烦，没有通俗易懂的语法，基本都是机器指令的缩写符号。其实，如果不是从事硬件底层驱动程序的开发工作，那么没有必要学习汇编语言。

要学习汇编语言，我们需要去 MASM 官网（http://www.masm32.com/download.htm，见图 7）下载相关汇编器和链接程序，也就是图 8 所示的程序。

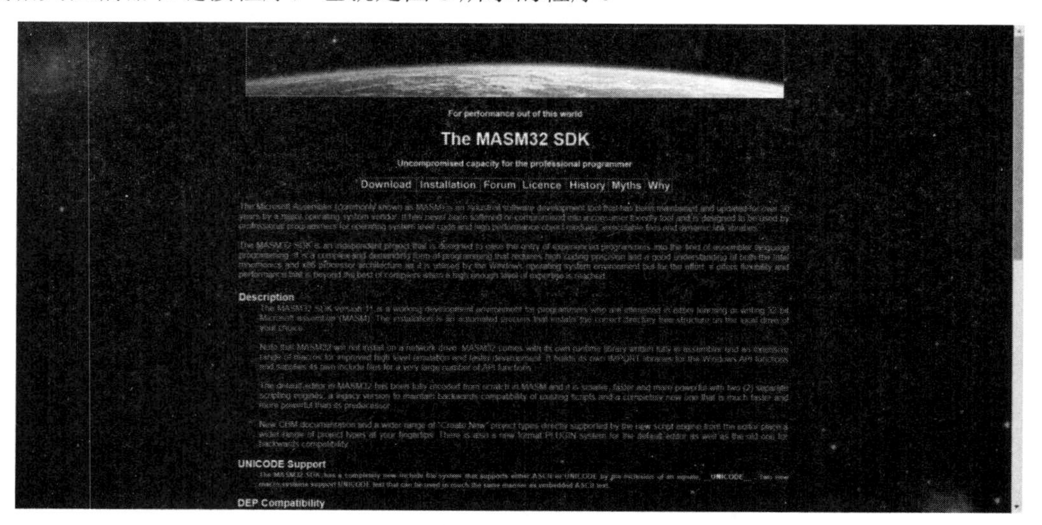

图 7　MASM 官网

图 8　相关应用程序

同时还要注意汇编器和链接器的位数，如果32位的汇编器在64位的操作系统上运行，可能会出现无法运行的情况，如果直接强制运行会出现图9的结果。

图9　错误运行界面

现在必须下载一个虚拟的DOS操作界面，也就是DOSBox，如图10所示。

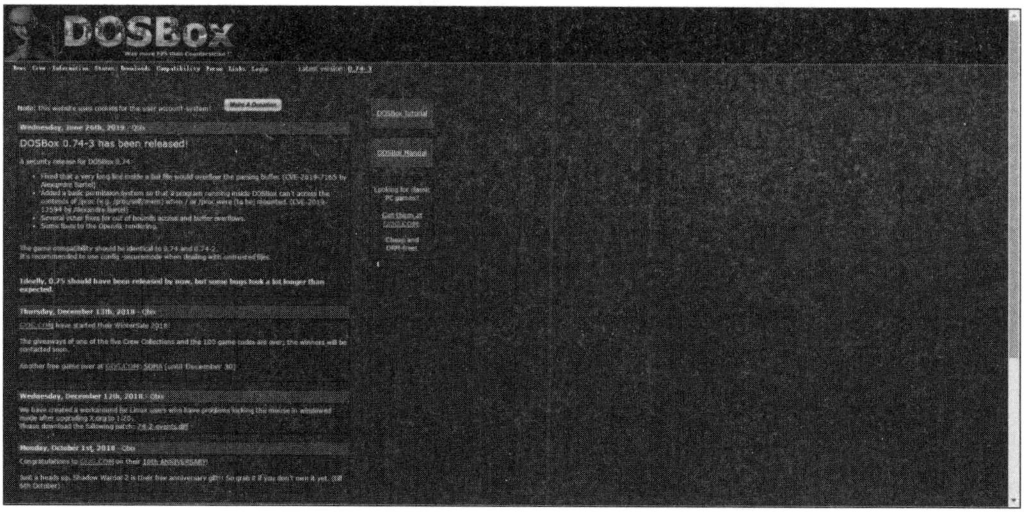

图10　DOSBox官网

下载好后运行即可，单击DOSBox启动程序，出现如图11所示的界面。

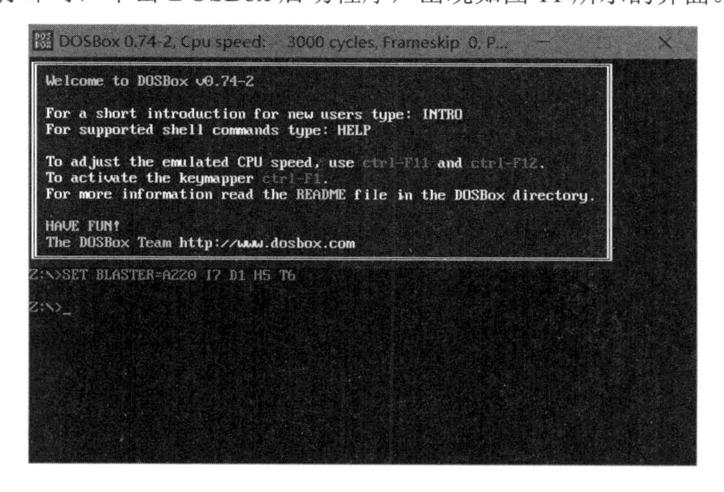

图11　DOSBox启动

这个界面是不是有 Windows 98 的感觉？看着就很古老，此时再使用汇编器和链接器应该就没有问题了，如图 12 所示。

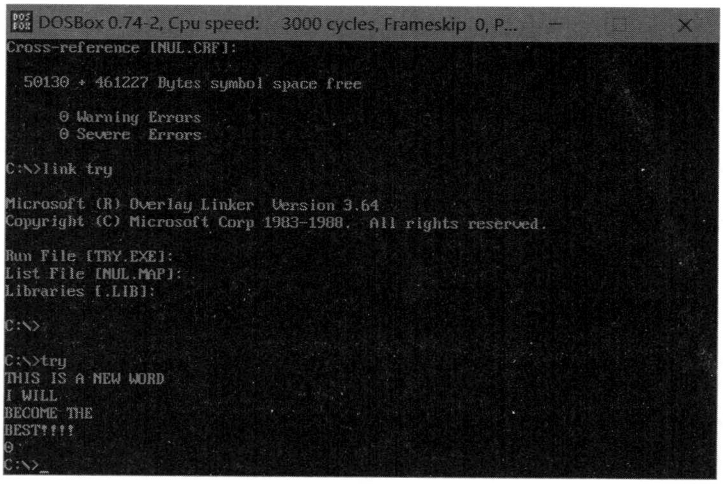

```
DOSBox 0.74-2, Cpu speed:    3000 cycles, Frameskip 0, P...
Cross-reference [NUL.CRF]:

  50130 + 461227 Bytes symbol space free

      0 Warning Errors
      0 Severe  Errors

C:\>link try

Microsoft (R) Overlay Linker  Version 3.64
Copyright (C) Microsoft Corp 1983-1988.  All rights reserved.

Run File [TRY.EXE]:
List File [NUL.MAP]:
Libraries [.LIB]:

C:\>

C:\>try
THIS IS A NEW WORD
I WILL
BECOME THE
BEST!!!!
0
C:\>_
```

图 12　输出界面

这个程序输出了 4 行内容。这几行内容用 C 语言编写可能只需要几行，但是用汇编语言需要 42 行。

【汇编源码】

```
01 DATA SEGMENT
02 INPUT DB 'THIS IS A NEW WORD',0DH,0AH,'$'
03 INPUT1 DB 'I WILL ',0DH,0AH,'$'
04 INPUT2 DB 'BECOME THE ',0DH,0AH,'$'
05 INPUT3 DB 'BEST!!!!',0DH,0AH,'$'
06 NUM1 DB 34H
07 NUM2 DB 30H
08 DATA ENDS
09 STACK SEGMENT STACK
10 FUCK DB 100H DUP(0)
11 STACK ENDS
12
13 PUT MACRO P1
14 LEA DX,P1
15 MOV AH,09H
16 INT 21H
17 ENDM
18
19 CODE SEGMENT
20 ASSUME CS:CODE,DS:DATA,SS:STACK
21 STAR:
```

```
22 MOV AX,DATA
23 MOV DS,AX
24 ;目前为止准备工作完成
25 PUT INPUT
26 PUT INPUT1
27 PUT INPUT2
28 PUT INPUT3
29
30 MOV AL,NUM1
31 XCHG AL,NUM2
32 MOV NUM1,AL
33
34 MOV DL,NUM1
35 MOV AH,02H
36 INT 21H
37
38 MOV AH,4CH
39 INT 21H
40
41 CODE ENDS
42   END STAR
```

这就是汇编语言，一种低级语言，由于是面向硬件的语言，因此难度系数很大，当初笔者学的时候也有一段黑暗时期，但是熬过了那段时期，后面的日子便能享受汇编语言带给我们的快乐了。

汇编语言之所以这么麻烦、这么难，不是因为语言本身的限制，而是微机的结构复杂，汇编要控制硬件的每个端口，所以难度肯定大，就像笔者导师说的那样，汇编不难，难的是硬件结构，也就是微机原理。

讲了这么多，学会什么语言并不重要，要让自己的编程能力有质的飞跃，下一步是学习计算机学科的重要课程《数据结构》，如果想进一步提高自己系统编程的能力，还需要学习《操作系统原理》《编译原理》《数据库原理》《计算机网络原理》等核心课程。

因为提高编程水平是无止境的，学习过程也是艰辛的，所以最重要的是坚持，是克服自己的慵懒，在编程这个枯燥乏味的生活中寻找属于自己的快乐。还记得第一个程序运行成功的喜悦吗？还记得第一款游戏成功编译的兴奋吗？还记得那黑黑的终端中闪烁的字符吗？笔者曾经说过，等编译通过的这几秒是漫长的，也是令人兴奋、幸福的时光！

不断提高编程水平的路很长，望读者在未来的道路上自信扬帆！